TravelCom

行摄旅途 · 快乐阅读

U0241511

TravelCom **Travel**Com **Travel**Com **Travel**Com **Travel**Com **Travel**Com Trav

TravelCom **Travel**Com **Travel**Com **Travel**Com **Travel**Com **Travel**Com Trav

TravelCom **Travel**Com **Travel**Com **Travel**Com **Travel**Com **Travel**Com Trav

TravelCom **Travel**Com **Travel**Com **Travel**Com **Travel**Com **Travel**Com Trav

中华小吃品鉴全攻略

醉美小吃

行摄旅途编辑部 主编

北京·旅游教育出版社

编委会

主　编：徒步天涯

副主编：陈庆伟　朱　超

编　委：（排名不分先后）

孙　沛	祝世超	马　静	杜蒙蒙
罗凤琴	陈雪姣	杨晓东	赵一文
李　然	王军锋	周鸣敏	江飞阳
王　欢	谌立军	陈代明	邓　阳
邓益香	谌雨霞	邓幸妮	洪　武
程　倩	邓琴书	王　超	梁慧慧
夏鸥云	唐　璐	刘小波	闵颖慧
黄　玉	霍庆冬	罗　垠	潘吉钜
彭赠忠	杨成芳	雒岩卫	张　娟
曹昌虹	秦玉虎	张冬霞	赵东瑾
王雷鸣	宗　静	李鹏飞	徐丽丽
李瑶瑶	宫　烁	江鑫淼	杜　慧

前 言

　　您想踏上旅途，尝遍中华小吃吗？您想穿过街头巷尾，独享当地民俗风情吗？《醉美小吃——中华小吃品鉴全攻略》就是您最好的导师、最佳的伴侣……

　　本书精心挑选300余种独特小吃，以流畅、多情的文字，极具视觉效果的图片，倾情呈现，令您足不出户就垂涎欲滴、欲罢不能……那老北京的驴打滚、豌豆黄、芸豆卷、肉末烧饼，那上海城隍庙的生煎馒头、南翔小笼包，那南京夫子庙的状元豆、鸭血粉丝汤，那长沙火宫殿的口味虾、臭豆腐，还有那来自天府之国的担担面、龙抄手……无不独具特色，色香味形俱佳。

　　绝妙的小吃背后定然有着传承已久的典故文化。本书特设"必享典故/由来"模块，让您在尽享美味的同时，全方位领略其趣味横生的逸闻、典故。

　　更为体贴的是，本书还专设"必荐星级"、"必尝正宗地"、"必知一般价格"模块，让您了解该小吃的地位、熟知其最正宗的品尝地、最准确的售卖价格。

　　您准备好迈上征程，大口饕餮了吗？！还不携带本书，背起行囊，怀揣旅人的梦想，漫步于大北京的东华门、王府井，夜上海的城隍庙；独行于南京的夫子庙、长沙的火宫殿；徜徉于武汉的吉庆街夜市、台北的宁夏夜市？

　　请尽情享受那鲜香四溢、唇齿流香的风味小吃吧。但愿您品尝之余，别忘了体验那此起彼伏的叫卖声，那烟火缭绕的氛围，那独特的地域文化、民俗风情！

行摄旅途编辑部

使用说明

驴打滚

必尝美味
驴打滚又称豆面糕，是北京特色小吃中古老品种之一。其源于承德，由于八旗子弟喜欢吃黏食，很快传至京城。因制成后须放在黄豆面中滚一下，样子如真驴打滚，故得名。

驴打滚是用黄米面加水蒸熟（和面时稍加些水使其软和些），另将炒熟后的黄豆轧成粉面。制作时将蒸熟后的发黄米面外面蘸上黄豆粉面擀成片，接着抹上赤豆沙馅或红糖卷起来，切成约100克的小块，撒上白糖即成。现在的北京各店已很少用黄米面，改用江米面了。

必品特色
驴打滚外层蘸满豆面，呈金黄色，具有香、甜、黏三大特色，入口绵软，别具风味。

用味蕾挑动舌尖上的极致享受

多角度品味小吃最让人难以忘怀的风味

香妃

必赏典故
传说乾隆平定大小和卓的叛乱后，把新疆维吾尔族首领的妻子据为己有，召入宫中，封为妃，也就是传说中的香妃。

香妃入宫后，整日闷闷不乐，茶饭不思。为了博得美人欢心，乾隆传旨到御膳房："谁能做出香妃爱吃的美食，不但升官，而且还赏银千两。"御厨们都使出了看家本领，做出了一道道美味佳肴。但是，香妃根本都不正眼瞧一眼。乾隆只好下旨叫白帽营的人给香妃做家乡吃食送进宫。西州香妃的丈夫也闻好跋山涉水来到了北京，藏身在京城的白帽营中。于是，他亲手做了担传的自制点心江米团子（自称"驴打滚"），送进了宫中。

香妃看到了丈夫家祖传的点心，心领神会，便吃了这道美味。乾隆高兴不已，便下令白帽营天天送驴打滚进宫。自此，驴打滚在北京就出名并流传开了。

讲述传承至今的小吃趣闻、典故、由来

老饕精挑细选倾力推荐等级

必荐星级

隆福寺小吃街、地安门华天小吃街、护国寺小吃街、鼓楼小吃街、前门小吃街、王府井小吃街、东华门美食坊等。

必尝正宗地

资深吃货必选的小吃名店

必知一般价格
在各小吃街，根据分量大小，一般每份5～15元。

资深吃货实地考察的小吃行情

北京小吃 一

天津小吃 二

河北小吃　一

山西小吃　二

内蒙古小吃　三

辽宁小吃 一

吉林小吃 二

黑龙江小吃 三

上海小吃　一

江苏小吃　二

浙江小吃 一

安徽小吃 二

福建小吃 三

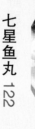

湖北小吃

湖南小吃

广东小吃

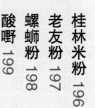

广西小吃 一

海南小吃 二

重庆小吃 三

四川小吃 一

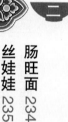

贵州小吃 二

云南小吃 三

西藏小吃

一

陕西小吃

二

甘肃小吃

三

青海小吃 一

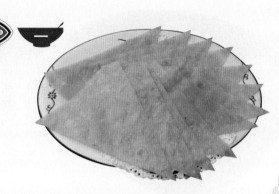

宁夏小吃 二

新疆小吃 三

台湾小吃　一

香港小吃　二

澳门小吃　三

北京小吃

　　北京小吃俗称"碰头食"或"菜茶"，历史悠久，口味独特。它融合了汉、回、蒙、满等多民族特色小吃及明、清宫廷小吃而成，制作精细，品种繁多，约有二三百种。其中较著名的有老北京十三绝等。

　　北京小吃不仅是一种独特的美味，更是京味儿文化的重要组成部分。其名称叫法，制作、食用方式等，均蕴含着老北京人特有的审美情趣。凡旅游北京品尝过这里各色小吃的游客，无不为其赏心悦目的视觉、独特而丰富的美味所折服！

驴打滚

必尝美味

驴打滚又称豆面糕，是北京特色小吃中古老品种之一。其源于承德，由于八旗子弟喜欢吃黏食，很快传至京城。因制成后须放在黄豆面中滚一下，样子如真驴打滚，故得名。

驴打滚是用黄米面加水蒸熟（和面时稍加些水使其软和些），另将炒熟后的黄豆轧成粉面。制作时将蒸熟后的发黄米面外面蘸上黄豆粉面擀成片，接着抹上赤豆沙馅或红糖卷起来，切成约100克的小块，撒上白糖即成。现在的北京各店已很少用黄米面，改用江米面了。

必品特色

驴打滚外层蘸满豆面，呈金黄色，具有香、甜、黏三大特色，入口绵软，别具风味。

香妃

必享典故

传说乾隆平定大小和卓的叛乱后，把新疆维吾尔族首领的妻子据为己有，召入宫中，封为妃，也就是传说中的香妃。

香妃入宫后，整日闷闷不乐，茶饭不思。为了博得美人欢心，乾隆传旨到御膳房："谁能做出香妃爱吃的美食，不但升官，而且还赏银千两。"御厨们都使出了看家本领，做出了一道道美味佳肴。但是，香妃根本都不正眼瞧一眼。乾隆只好下旨叫白帽营的人给香妃做家乡吃食送进宫。而此时香妃的丈夫也刚好跋山涉水来到了北京，藏身在京城的白帽营中。于是，他亲手做了祖传的自制点心江米团子（自称"驴打滚"），送进了宫中。

香妃看到了丈夫家祖传的点心，心领神会，便吃了这道美味。乾隆高兴不已，便下令白帽营天天送驴打滚进宫。自此，驴打滚在北京就出名并流传开了。

必荐星级 👍👍👍👍👍

隆福寺小吃街、地安门华天小吃街、护国寺小吃街、鼓楼小吃街、前门小吃街、王府井小吃街、东华门美食坊等。

必尝正宗地★

必知一般价格★

在各小吃街，根据分量大小，一般每份5～15元。

豌豆黄、芸豆卷

必尝美味　　豌豆黄，为北京春夏时节的一种应季美味。源于民间小吃，后同芸豆卷一起传入清代宫廷。因颇受慈禧喜爱而出名。按传统习俗，老北京人在每年农历的三月初三要食用豌豆黄。其分为宫廷和民间两种。清宫的豌豆黄，是以上等白豌豆为原料，将豌豆碾碎、脱皮、洗净，煮烂过筛成糊，糖炒，凝固后切块而成。其色香味俱佳，属不可不尝的美味。

　　芸豆卷是北京民间小吃，同豌豆黄一起传入清宫。其卷形似马蹄，分为甜、咸两种：甜的沙凉细糯，咸的绵软可口，实为不可多得的美味。

必品特色　　**豌豆黄色泽浅黄、细腻、纯净，入口即化，味道香甜，清凉爽口。**

芸豆卷色泽雪白，质地柔软，香甜爽口。

必荐星级 👍👍👍👍👍

必尝正宗地★　　豌豆黄和芸豆卷以北海公园的仿膳饭庄、颐和园听鹂馆的最为正宗；其次为隆福寺小吃街、地安门华天小吃街、护国寺小吃街、鼓楼小吃街、前门小吃街、王府井小吃街、东华门美食坊等地的小吃。

必知一般价格★　　在北海公园的仿膳饭庄、颐和园听鹂馆，价格较高，每份40元左右；在各小吃街，根据分量大小，一般每份5～15元。

慈禧太后

必享典故

　　相传一天慈禧在北海静心斋的院子里纳凉，忽听墙外传来一阵敲打铜锣的叫卖声。慈禧便问她身边的侍女，外面是干什么的。侍女告诉她是做小买卖的，卖的是豌豆黄、芸豆卷。慈禧听后感到很新奇，便立即叫她身边的宫女给她买一些尝尝。当时天气很闷热，慈禧吃了买来的豌豆黄、芸豆卷后，感觉非常适口、清爽，香甜细嫩，入口即化。第二天她便把做小买卖的请进宫中，专为她制作豌豆黄和芸豆卷。随后，豌豆黄和芸豆卷成了慈禧非常喜欢的一种小吃，流行宫中。

艾窝窝

艾窝窝，是老北京传统风味小吃之一。每年农历春节前后食用。艾窝窝是用糯米制作的清真食品。《燕都小食品杂咏》载："白黏江米入蒸锅，什锦馅儿粉面搓。浑似汤圆不待煮，清真唤作艾窝窝。"

艾窝窝营养丰富，美味可口，具有补中益气、健脾养胃之功效，深为民间百姓喜爱。

艾窝窝色泽洁白如霜，质地细腻黏软，馅心松散香甜。

仿膳饭庄

必享典故

艾窝窝与故宫的储秀宫关系密切。据说，明时储秀宫里的皇后和妃子，因天天吃山珍海味，感到厌腻。一天，储秀宫的一位回族厨师正在食用自己从家里带的清真食品"艾窝窝"，被一位宫女碰巧看见。她尝后推荐给皇后品尝。皇后吃后，亦感到美味可口，就让这位回族厨师为此处的妃嫔做"艾窝窝"吃。此后，艾窝窝就由紫禁城传到民间，被誉为"御艾窝窝"。

必荐星级 👍👍👍👍

必尝正宗地 ★

以北海公园的仿膳饭庄、颐和园听鹂馆的最为正宗；在隆福寺小吃街、地安门华天小吃街、护国寺小吃街、鼓楼小吃街、前门小吃街、王府井小吃街、东华门美食坊等地的小吃店也能品尝到。

必知一般价格 ★

在北海公园的仿膳饭庄、颐和园听鹂馆，价格较高，每份40元左右；在各小吃街，根据分量大小，一般每份5~15元。

肉末烧饼

听鹂馆

必尝美味

"肉末烧饼"曾经是清宫中的御膳，又名"圆梦烧饼"，它象征着梦想成真，并有祝愿吃到它的人健康长寿、升官发财的寓意，被誉为北京小吃中的精品，享誉京都数十年。它的做法相当独特，与一般市面上见到的烧饼做法不一样，它将发面和好对碱，加一点白糖揉匀，揪成小坯子，然后将坯子用手掌在案板上压成圆片，再另用2克左右的面揉一个小面球蘸上一点香油，放在圆片中央，把小面球包进去后，用手按成5厘米厚的扁圆形饼，饼上刷上点糖水，黏上芝麻仁的一面朝上，放在饼铛里用炭火烤熟。放小球的目的是为了在吃的时候能完整地掰开，以利于加炒肉末。说到炒肉末，据清朝最后一个皇帝宣统帝溥仪的弟弟溥杰先生的夫人所著的《食在宫廷》一书所述，这烧饼中加的肉末是"将猪肉切成末，青豆洗净切成末，再拌上葱姜末，一并在锅中炒熟，加酱油调制而成"。

必享典故

相传，肉末烧饼的起源来自清朝慈禧太后的一个梦，传说有一天她夜晚做梦，梦见吃烧饼，香甜的烧饼里还加有鲜香的肉末，在梦里她吃了个不亦乐乎，醒来后依旧回味无穷。在早上用膳时，恰好御膳房的早点做的就是肉末烧饼。慈禧太后一见之下大喜，认为是因自己多年信佛，有了好的征兆，圆了美梦。心情舒畅之余，重赏了制作烧饼的御厨赵永寿顶戴花翎一枚，并赐白银二十两。此后，肉末烧饼就成了宫中的传统点心，随着清朝的覆灭，又走入了民间，成为京城的小吃名品。

必品特色

肉末烧饼具有皮脆、里嫩、肉鲜等特点，吃起来咸中略甜，香酥可口。

必荐星级 👍👍👍👍👍

必尝正宗地★

以北海公园内的仿膳饭庄、砂锅居（双榆树店）、颐和园听鹂馆最为正宗。

必知一般价格★

仿膳饭庄的一般每份4个，36元。

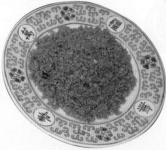

豆汁、焦圈

豆汁是北京及承德地区流行的一种风味小吃，主要流行于冬、春两季。喝豆汁通常要就着辣咸菜、萝卜干、芝麻烧饼或焦圈一起享用。这样吃起来可谓是酸、甜、苦、辣、咸五味俱有；再加上焦圈的香，真是人间极品。其以绿豆为原材料，富含丰富的粗纤维、蛋白质、维生素C及糖分，有祛暑除燥、清热去毒、健脾开胃等功效。

焦圈，北京风味小吃之一。豆汁就焦圈，为老北京的最爱。其大小如碗口，形似西方的炸面包圈，口感酥脆。当时做焦圈最出名的有邬殿元、王文启、马庆才师傅。

豆汁具有色泽灰绿、味道浓醇、味酸且微甜的特色。
焦圈色泽深黄，形如手镯，焦香酥脆，口感极佳。

必享典故

早在辽、宋时期民间就已有豆汁。据说是有个做绿豆淀粉的人无意中将做豆粉剩余的汁液发酵，发现竟十分可口。后来他又将豆汁煮熟，卖给附近的穷苦百姓。味道奇特而美味的豆汁就这样在民间诞生。

乾隆年间，其貌不扬的豆汁居然传入了皇宫，成了宫廷御膳中的一种。据说，当年咸丰帝御驾回銮到京城，做的第一件事就是管御膳房要了碗豆汁喝。

★★★★

护国寺小吃店的豆汁最正宗。其和群芳小吃店制作的焦圈，1997年12月被中国烹饪协会授予首届全国中华名小吃称号。

价格便宜，根据辅料不同，一般每份10～20元。

爆　肚

·必尝美味·

爆肚是老北京的传统风味小吃，早在乾隆年间就有关于其记载。在北京，经营爆肚的多是清真餐馆和街边小摊贩。清真餐馆的爆肚收拾得干净，作料也齐全，尤其受到老百姓的欢迎。

爆肚是用鲜牛肚或鲜羊肚通过油爆或水爆的方法做成的。制作时首先需要将"肚"洗净，再将其切成条状或块状，最后以沸水爆熟。爆肚出锅后还要加上蘸油、芝麻酱、醋、辣椒油、酱豆腐汤、香菜末、葱花等调料。

必享典故

爆肚王第二代的传人王金良14岁时开始继承父业。在他的苦心经营下，其爆肚摊吸引了不少达官贵人光顾。24岁时，王金良在东安市场自立门户，开起了"西德顺"。此后，这里的经营越来越好。吃惯了山珍海味的达官贵人们，把爆肚当做了独特美味。当时到此品尝过的有前清的纳中堂、伺候过西太后的"梳头刘"、吴佩孚、侯宝林、马连良、程砚秋、小白玉霜、小蘑菇等。

另外，当年的著名京剧演员梅兰芳也好此口味。因工作繁忙，就让其夫人代买。戏演完后，爆肚就成了梅先生的美味夜宵。

必荐星级 ★★★★★

·必品特色· **爆肚质地鲜嫩，不油不腻，口味香脆。**

必知一般价格★ 价格不贵，如在爆肚冯消费，每份20元左右。

必尝正宗地★ 有名的经营爆肚的老字号有天桥的"爆肚石"，门框胡同的"爆肚杨"、"爆肚冯"，东安市场的"爆肚宛"、"爆肚王"以及东四牌楼的"爆肚满"等。

炒 肝

炒肝是北京特色风味小吃，是由宋代民间食品"熬肝"和"炒肺"发展而来的。最初，吃炒肝讲究顺碗沿抿并搭配着小包子一块吃，但现在吃炒肝早已没有了那么多讲究。

炒肝是以猪的肝脏、大肠等为主料，以蒜等为辅料，以淀粉勾芡做成的。制作时须先将猪大肠用碱和醋洗净，盘成捆用绳扎好后放在凉水锅中，旺火煮至筷子能扎透时捞到凉水中洗去肠表皮的油，切成小段备用；再将猪肝洗净切片备用；将熟猪油倒入炒锅内，用旺火烧热放入大料，再依次放入黄酱、姜末、酱油及蒜泥，炒成熟蒜泥备用；将猪骨汤烧热，放入猪肠在一起炖，最后放入猪肝、酱油和熟蒜泥、生蒜泥等调味料搅匀，待汤沸后，立即用淀粉勾芡，再煮沸即成。

炒肝汤汁油亮酱红，肝香肠肥，味浓不腻，稀而不澥。

必享典故

据说，炒肝是由北京"会仙居"刘氏兄弟所发明创制。起初时，刘氏兄弟哥仁经营白水杂碎，但买卖并不景气。一天，哥仁正商量着如何改进白水杂碎的做法，以吸引客人时，恰逢与他们相熟的当时《北京新报》的主持人杨曼青也在。杨给他们出了一个主意，说：你们把白水杂碎的心肺去掉，加上酱色后勾芡，名字不叫"烩肥肠"，改叫"炒肝"。这样或许能吸引人。如果有人问为什么叫"炒肝"，你们就说肝炒过。

哥仁一听甚好，依言而行。果不其然，没过多久，炒肝从此声名鹊起。市面上也出现了以炒肝为说辞的俏皮话，如责骂人时说："你这人怎么跟炒肝似的，没心没肺。"

必荐星级 👍👍👍👍

必尝正宗地 以崇文区前门鲜鱼口街的"天兴居"最为正宗，天兴居实为清朝同治元年（1862年）创业的"会仙居"与1930年创业的"天兴居"于1956年合并而成的老字号店。

必知一般价格 价格适中，如在天兴居食用，每碗10元左右。

炸灌肠

必尝美味

炸灌肠，也有人叫炒灌肠，是老北京的一种风味小吃。最初的灌肠是用猪大肠灌进淀粉、碎肉制成的。灌肠讲究用猪大肠中炼出的油炸制，因此正宗的炸灌肠闻起来总有一股猪大肠的特殊味道。后来随着时间的推移，灌肠的制作工艺发生了变化。现在，超市中能够买到的灌肠则把红曲和小肠都省去了，仅仅是用绿豆淀粉加香料灌制成型的一个长长的淀粉肠。

炸灌肠就是将成型的灌肠切片，在炸至两面冒泡变脆时，即取出浇上拌好的盐水蒜汁趁热吃。

必品特色

灌肠色泽金黄、外脆里嫩、鲜香适口，蒜香辣味浓郁。

必享典故
清光绪年间"福兴居"的灌肠在京城小有名气，传说其制作的灌肠深得慈禧所喜爱，而"福兴居"的掌柜也因此被称为"灌肠普"。

必荐星级 👍👍👍👍

必尝正宗地

老北京的灌肠以长安街的聚仙居、隆福寺小吃街的"丰年灌肠"最为正宗。

必知一般价格

小吃店或小吃街的地段或装修不同，价格稍异。一般每份10～20元。

褡裢火烧

必尝美味

褡裢火烧是北京常见的一种食品，它不仅历史悠久，而且风味独特，故一直是北京人爱吃的小吃之一。其制作时，要先将和好的面揪成黏剂擀平，装进用虾肉、海参、猪肉及各种佐料加好汤拌制的馅儿，折叠成长条；再将其放入平锅中油煎至金黄色后，起锅上桌。吃时若配用鸡血和豆腐条制成的酸辣汤，其味更是独具特色。

因其制作成形后，酷似旧时人们腰带上的"褡裢"，故名褡裢火烧。

必品特色

褡裢火烧色泽金黄，外焦里嫩，鲜美可口。

必享典故

早在清代光绪年间，在老东安市场有一个做火烧的小食摊，摊主是来自顺义的姚氏夫妇。姚氏夫妇做的火烧与众不同，他们把面和好了，擀成薄皮儿，里面装上拌好的馅，折成长条形，放在饼铛里用油煎即成。因形状酷似旧时人们腰带上的"褡裢"，人们就称之为"褡裢火烧"。这样一来二去，小摊的生意越做越火。后来，姚氏夫妇索性开起了一家小店，起名"润明楼"，专门经营"褡裢火烧"。但传至第二代因经营不善，很快就倒闭了。幸得当年原"润明楼"负责制作"褡裢火烧"的两个伙计罗虎祥、郝家瑞把"香火"传承了下来。他俩合伙在前门门框胡同里开起了一家饭馆，继续经营。而店名就从两人名中各取一个字，名"祥瑞饭馆"。一时间"祥瑞饭馆"名噪京城，"褡裢火烧"也就成为家喻户晓的名吃。

必荐星级 👍👍👍👍

必尝正宗地

因前门大街门框胡同跟廊房二条拆迁，"瑞宾楼"暂迁赵公口7号，以此地最为正宗。"瑞宾楼"还有两家分店，分别是位于朝阳区建国路87号的"瑞宾楼"（新光天地店）和西城区什刹海后海孝友胡同1号的"瑞宾楼"（九门小吃店）。另外，北京左邻右舍褡裢火烧的口味也非常正宗，有10家分店，值得光顾。

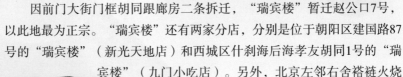

必知一般价格

如在瑞宾楼食用，一两价格在7元左右。

门钉肉饼

门钉肉饼，又叫门丁肉饼，是老北京的一种传统清真小吃，因其形状像古时候城门上的门钉而得名。而且据说门钉肉饼有吉祥的含义。

门钉肉饼的做法和一般的馅饼区别不大，只是馅饼是扁的，而门钉肉饼则是高约2厘米、直径4厘米的圆柱体。馅传统上是牛肉大葱。其选择牛肉的上脑和鲜嫩肥瘦相间的部位剁成馅，调以香油、洋葱、鲜姜、花椒等辅料拌制，用精白面粉和成松软面皮，包成像宫廷红门上的门钉形状，放在铛中煎烙成熟，可算得上皮薄馅足的一种美食。由于门钉肉饼油很大，而且牛油很容易凝固，因此讲究趁热吃口感好。但是趁热吃小心烫嘴。吃时最好淋上一些醋，既能去除油腻的感觉，又能带来更好的口感。

门钉肉饼外焦里嫩，清香润口，咬一口鲜汤四溢，风味独到。

慈禧太后朝服像

必享典故

传说清御膳房为慈禧做了一道有馅的点心，慈禧吃过后觉得很适口，问厨师这种食品叫什么名字。御膳房的御厨想到宫廷大门上的钉帽，就随口回答说"门钉肉饼"。由此，这种独特的小吃就流传下来。

★★★★

门钉肉饼以"门丁李"的最为正宗，其在北京有7家分店。另外，白魁老号、隆福寺"丰年灌肠号"的也较有特色。

如在"门丁李"食用，价格一般为每个3元。

卤煮火烧

卤煮火烧是北京特有的一种小吃，起源于城南的南横街。相传因旧时的普通人吃不起肉，所以就用动物的下水来代替，没想到却因有着特殊的味道而名扬京城。

卤煮火烧在北京是一种人尽皆知的食品，它是将火烧和炖好的猪肠、猪肺放在一起煮（有时也用猪腰子）。具体制作过程是这样的：把处理好的猪小肠和猪肺切成小段投入用多种香料、调料配制的卤汤煮，八成熟时放入生面火烧、炸豆腐片、血豆腐，待到肠、肺烂熟，火烧煮透又不脱形的时候捞出，小肠切段，肺、火烧、炸豆腐切块，浇卤汁，加蒜汁、酱豆腐汁、香菜、醋、辣椒油根据口味自行添加。

卤煮火烧，火烧透而不黏，肉烂而不糟；肠酥软，味厚而不腻，没有任何异味，满口脂香。

必享典故

卤煮火烧的创制和"小肠陈"有着密切的关系，其起源于宫廷。

乾隆四十五年（1780年），皇帝巡视南方，曾下榻于扬州"安澜园"陈元龙家中。陈府家厨张东官烹制的菜肴很受乾隆喜爱，因此被召入宫廷。其深知乾隆喜爱厚味之物，便用五花肉加九味香料烹制出一道肉菜供膳。这九味香料按照春、夏、秋、冬四季的节气不同，用不同的数量配制。因张东官是苏州人，这种配制的香料煮成的肉汤，就被称为"苏造汤"，其肉就被称为"苏造肉"。后来此御膳传入民间，加入用面粉烙成的火烧同煮，便成为大众化的风味小吃了。

那么"苏造肉"又是怎么演变成卤煮火烧的呢？原来，"小肠陈"的创始人陈兆恩当时就是售卖"苏造肉"的小贩。旧社会用五花肉煮制的"苏造肉"价格较贵，一般老百姓根本吃不起，于是陈兆恩就用价格低廉的猪头肉代替五花肉，同时加入了价格更便宜的猪下水煮制。没想到歪打正着，创制出了这道传世美味。

必荐星级 👍👍👍👍

必尝正宗地 以"小肠陈"为正宗，北京有其多家分店。

必知一般价格 一般每份为10～20元。

姜丝排叉

必尝美味

　　姜丝排叉又叫姜汁排叉，不仅是北京传统小吃，也是北京茶菜的一个品种。从其名就可知道，姜丝排叉原料中一定有姜，其名也因食用时有明显的鲜姜味而得。

　　制作姜丝排叉时用鲜姜去皮剁成细末，面粉加一定比例的明矾末，一起放入盆中，用凉水和面成团，揉至筋道有力。然后在薄片上撒上细淀粉面，叠起合成长条后，用刀切成排叉条，将两小片叠到一起，中间顺切三刀，散开成单片套翻在一起，用温油炸。将炸好的排叉过蜜，过蜜的方法是用鲜姜去皮切成细丝，用水把姜丝熬开后捞出姜丝，放入白糖，开锅后放入糖、桂花，继续熬开后移小火上，将炸得的排叉入姜丝熬出的桂花饴糖中过蜜即可。

必品特色

姜丝排叉呈浅黄色，有酥、甜、香的特点，食用时有姜味。

必享典故

　　据《天桥小吃》作者张次溪先生说："旧天桥有专门卖小炸食的店家，如面炸不盈寸的麻花排叉，用草纸包装，加上红商标，是过年送礼的蒲包，又是小孩的玩物。"对这种小炸食前人还有诗称赞说："全凭手艺制将来，具体面微哄小孩。锦匣蒲包装饰好，玲珑巧小见奇才。"过去天桥卖这类小炸食时还要吆喝："买一包，饶一包，江西腊来，腊秦椒。大爷吃了会摺跤，摺官跤，跛子跛脚大菇腰。大麻花，碎排叉，十样锦的花，一大一包的炸排叉。"小孩听到了，多喜欢去买。

　　在北京，最出名的姜丝排叉，要属南来顺饭庄的。"南来顺"创建于1937年，掌柜石昆生本是卖爆肚的，人称"爆肚石"。他最初在天桥公平市场开丁家小饭店，起名"南来顺"，开始只有三间门脸、十来个人，出售十几样小吃和家常菜肴，渐渐创出了牌子。

必荐星级

必尝正宗地★

必知一般价格

　　一般每份为10～20元。

　　以位于南菜园街12号（大观园西门南侧）的"南来顺"饭庄最为正宗，"南来顺"的姜丝排叉1997年被评为"北京名小吃"和"中华名小吃"。

臭豆腐

在我国，绍兴臭豆腐、长沙臭豆腐、南京臭豆腐和北京臭豆腐最为有名。臭豆腐分两种，一种是在南方地区流行的臭豆腐干，另一种就是老北京人最难忘怀的臭豆腐乳。

臭豆腐，其名虽俗，但平中见奇、源远流长。一经品味，常令人欲罢不能。追溯臭豆腐的渊源，距今已有近千年的历史，其最风光的时代可寻觅到清宣统年间，慈禧太后赐名"青方"，还将其列为御膳小菜，使得臭豆腐名扬天下。据说，吃臭豆腐，可以增加食欲，还能起到防病保健的作用。

必品特色 臭豆腐之臭绝非"腐败"之臭，而是发酵所致。总的说来是"闻着臭、吃着香"，让人回味无穷。

必享典故

中华老字号"王致和"的创始人王致和被认为是臭豆腐乳的发明者。相传，清康熙八年（1669年），安徽仙源县举人王致和进京会试落第，因无盘缠回乡，遂滞留京城，闲居会馆之中。为谋生计，王致和便一边继续刻苦读书，一边做起了豆腐生意。一次，为了防止没卖完的豆腐在夏天变质，王致和将剩余的豆腐切成小块腌在了一口小缸里。后来，他一心读书，竟将这缸豆腐忘在了脑后。直到秋天到来，他才又想起了这些豆腐。打开小缸一看，先是一股臭味扑鼻而来，豆腐已然变质了。王致和觉得可惜，大胆地尝了一口，竟十分美味。他又将臭豆腐送与邻里品尝，结果广受欢迎。王致和屡试不中，就干脆专心经营起臭豆腐生意来。

老北京有句顺口溜："窝窝头就臭豆腐，吃起来没个够。"臭豆腐乳与南方的臭豆腐干不同，不能炸着吃，要抹在馒头、大饼上吃。还有人发明了臭豆腐就热汤面的吃法。臭豆腐吃起来是越吃越香，令人欲罢不能。

必荐星级 👍👍👍👍

必尝正宗地 以北京市王致和腐乳厂所产最为正宗。

必知一般价格 一般每瓶7元左右。

冰糖葫芦

冰糖葫芦是京津地区的一种传统小吃。传统的冰糖葫芦用山楂（又称山里红）穿成，后来逐渐出现了用山药、黑枣、橘子、苹果、菠萝、葡萄、草莓等为原料制作的冰糖葫芦。另外，冰糖葫芦虽然名字中有

"冰糖"二字，但其原料用的却是普通的绵白糖。将其称为冰糖葫芦，主要是因为制成的糖葫芦在山楂果上覆盖着一层晶莹剔透的糖壳，看起来非常像结在果子表面的一层冰的缘故。

冰糖葫芦色泽红艳、冰脆爽口、甘甜回味。

必享典故

相传南宋绍熙年间，宋光宗最宠爱的黄贵妃生了病，面黄肌瘦，不思饮食。御医诊治许久，终不见效。宋光宗见爱妃日见憔悴，也整日愁眉不展，无心掌管朝政，朝野众臣也是急在心里。最后，一位大臣建言张榜求医。后幸得一位江湖郎中揭榜进宫，为黄贵妃诊脉后说："只要用冰糖与红果（即山楂）煎熬，每顿饭前吃五至十枚，不出半月病定消退。"黄贵妃按此法服后，病症果然如期而愈。宋光宗大喜，重奖郎中，从此这一方子在宫中尽数传开。后来这一做法传到了民间，经过演化，慢慢就变成了今天我们吃的冰糖葫芦了。

必荐星级 👍👍👍👍

必尝正宗地

隆福寺小吃街、地安门华天小吃街、护国寺小吃街、鼓楼小吃街、前门小吃街、王府井小吃街等都有出售。

必知一般价格

一般为每串5～10元。

馓子麻花

馓子麻花是北京的一种清真小吃，很受百姓欢迎。馓子古名为"环饼"、"寒具"，质地酥脆，香甜可口。环饼据说远在战国时代就有，秦汉以来成为寒食节的必吃食品。其制作方法为：用面粉加发酵面和水揉在一起，和成面团，加糖、蜂蜜，搓成股，拧成麻花形或馓子形，入油锅用七成熟热油炸透炸熟捞出即成。

馓子麻花颜色棕黄，质地酥脆，香甜可口。有人形容其"嚼着惊动十里人"。

介子推隐居的绵山

必享典故

古人为什么要吃"寒具"（馓子）这种食品，其中还有一段传说。古代清明节的前一日为民间的"寒食节"，人们都要三日不动火，来纪念介子推的忠君之举。晋陆翙的《邺中记》有"冬至后一百五日为介子推断火冷食"的记载。说的就是介子推的故事。据说介子推曾伴随公子重耳一起过了19年的流亡生活，当饿肚无食时，他曾割股肉献给重耳吃，可谓忠心耿耿。可当重耳执政成为晋文公后，在论功行赏时却将介子推忘记了。为此，介子推发誓永不见晋文公。后带母去了绵山隐居。多年后，晋文公一日忽然想起介子推曾经的忠君之举，便亲自带人去绵山寻找，但介子推总逃避不见。于是晋文公便命令放火烧山，想赶出介子推母子。不料介子推守志不移，不肯会见晋文公，母子双双抱木而被烧死。晋文公十分悲痛，迁怒于火，下令介子推死前三日全国禁动火，于是就有了"寒食节"。

三日不动火，那人们吃什么呢？于是就有了"寒具"，因其过油炸制，能够储存长时间不变质，保持酥脆不皮，当然是最理想的食物了。

必荐星级 👍👍👍👍

必尝正宗地

必知价格 ★ 一般每份为15～30元。

以"南来顺饭庄"的蜜麻花最为有名。另外，还有"地安门小吃店"制作的馓子麻花也很美味。1997年12月"地安门小吃店"的馓子麻花被中国烹饪协会授予首届"全国中华名小吃"称号。

糖火烧

糖火烧是北京人常吃的早点小吃之一，已有300多年历史，以大顺斋的糖火烧最出名。精选原料，货真价实，深受中外顾客的青睐。

糖火烧色泽浅褐、香甜味厚、绵软不黏、香酥可口。

必享典故

相传远在明朝的崇祯年间，有个叫刘大顺的回民，从南京随粮船沿南北大运河来到了古镇通州，也就是今天北京城正东的通州区。刘大顺看到通州镇水陆通达，商贾云集，是个落脚谋生的好地方，于是便在镇上开了个小店，取名叫"大顺斋"，专制作销售糖火烧。至清乾隆年间，大顺斋糖火烧就已经远近闻名。为保持传统特色，其在选料制作上相当讲究，制作的师傅们坚持面要用纯净的标准粉，油要用通州的小磨香油，桂花一定要用天津产的甜桂花，再如必不可缺的红糖和芝麻酱，也是专购一地，绝不含糊。这座百年老店之所以经久不衰，正在于它的货真价实，取信于民。

 👍👍👍👍

以牛街大顺斋最为正宗，其他在宽街白魁老号饭庄、地安门华天小吃店、隆福寺小吃店等都有售卖。

每个1.5元左右。

白水羊头

 必尝美味 白水羊头，为京城一绝，是北京特色小吃中的精品。制作白水羊头肉，羊头要选用两三岁内蒙古产的山羊头，要用清水泡上两小时才能把羊脸刷白，再把羊嘴掰开用小毛刷探进嘴内刷洗口腔；如片羊头肉要轻快下刀，动作敏捷，顺丝片，薄如纸。色白如玉的羊头肉，清脆利口，深得京城民众喜爱。

著名民俗学家金受申先生在《老北京的生活》一书中写道：北京的白水羊头肉为京市一绝，切得奇薄如纸，撒以椒盐屑面，用以咀嚼、掺酒，为无上妙品。

必品特色 其色白洁净，肉片又大又薄，蘸着特制的椒盐吃，软嫩清脆，醇香不腻，风味独特。

必享典故

马氏家族于清道光年间开始经营"白水羊头肉"，后历经咸丰、同治、光绪、宣统、民国，尤以第六代马玉昆时最为著名。马玉昆16岁开始接手"白水羊头"买卖，一改前几代挑筐沿街叫卖之法，于20世纪三四十年代推独轮车，定点经营，地点就在前门廊坊二条裕兴酒楼门首。因其制作工艺、作料配制上都有独特之处，更以其选料精、洗涮干净、刀工细腻、大刀薄片、味道醇厚、口感奇佳，名满京华。旧时，文艺界的名人梁实秋、马连良、张君秋、尚小云等都是"羊头马"的常客。

必荐星级 👍👍👍

必尝正宗地 以什刹海后海九门小吃"羊头马"最为正宗，此外，在崇文区白桥大街22号的"李记白水羊头"和北京市西城区地安门外大街26号的"望德楼清真餐厅"也可品尝到，味道也很不错。

必知一般价格 依据分量的大小，一般为每份18～30元。

茶汤

必尝美味

茶汤是北京传统风味小吃，相传源于明代，因用水冲熟，如沏茶一般，故名茶汤。如今，茶汤主要有山东茶汤和北京茶汤两种。其中，北京茶汤更具传统风味。清嘉庆年间的《都门竹枝词》中有"清晨一碗甜浆粥，才吃茶汤又面茶"的佳句。可见，茶汤在北京人生活中的地位是何其重要。

茶汤的原料是蒸熟的糜子面，卖时再以滚水沏成糊状，加上红糖、白糖、桂花等佐料，吃起来香甜可口，给人以亲切之感。

茶汤味甜香醇，色泽杏黄，味道细腻耐品。

必品特色

必享典故

茶汤起源于明代，据说和忽必烈有很大的关系。当初，忽必烈为了统一霸业、建立元王朝而征战南北，但是在征战过程中却被一日三餐所困扰。他憋来憋去想出个办法，即把面用牛骨髓油炒熟了带在身上，饿了就用开水冲着吃，如此方便许多。这就是油炒面，现在我们也叫油茶，是最早的茶汤雏形。

茶汤李的创始人李秉忠好琢磨，一来二去，发现了糜子米磨成面儿，用开水冲熟了又黏又香，如果能再加上糖，会更加好吃。于是，他就根据这个发现，做出了美味的茶汤。

泡茶汤的茶壶

必荐星级 👍👍👍👍

必尝正宗地

正宗茶汤当然首推天桥"茶汤李"。目前，天桥"茶汤李"在北京有多家分店，可就近品尝。

必知一般价格

在青云阁茶汤李和地坛公园茶汤李店较贵，每碗为15元左右，其他店面一般为5～10元。

萨其马

萨其马，北京著名京式糕点之一，原是满族的一种食物，是清代关外三陵祭祀的祭品之一。清王朝建立后，满族民众入关，满汉杂居，这种食品也逐渐被汉族民众所接受和喜爱。其在过去亦曾写作"沙其马"、"赛利马"等。

制作萨其马时，面粉要加入鸡蛋制成面条状再油炸，再由白糖、蜂蜜、奶油等制成糖浆后与炸好的面条混合，同时加入葡萄干等干果。待晾干后切块即成。

必享典故

传说当年努尔哈赤远征，听闻部下一位名叫萨其马的将军的妻子，给丈夫带的一种点心可长时间不变质，非常适合行军打仗食用。所以，他便亲自品尝，食后大加赞赏，并把这种食物命名为"萨其马"。

萨其马色泽米黄，口感酥松绵软，香甜可口，桂花蜂蜜香味浓郁。

必荐星级 ◆◆◆◆

必尝正宗地 ★

北京"稻香村"连锁门店都有销售；隆福寺小吃街、地安门小吃街、九门小吃街、护国寺小吃街等地也均有售卖。

必知一般价格

280克的每份15元左右。

芥末墩

芥末墩儿的诱人之处就是这个"冲味儿"，痛快眼泪来，有的老北京人还会端起盘子，把汤也喝下去，连喊："美哉！美哉！"

芥末墩儿是一道地道的老北京风味小吃，还是老北京人年夜饭里必不可少的凉菜，被称为凉菜里的首席。一到冬天，尤其是过年的时候，老北京人就喜欢换换口味，便做起芥末墩来。

其实，芥末墩的做法十分简单：只需把大白菜横刀切成寸高的菜墩，再烧一壶热水浇在上面，使其变软，最后将菜墩码在瓦盆内，撒上芥末、醋和白糖，把瓦盆封严实，约两三天即可食用。老北京人喜欢芥末墩的重要原因就在于其"冲劲"。一口下去，眼泪淋漓尽致地流出来，不禁令人连喝："痛快！痛快！"

芥末墩吃起来辣味蹿鼻而又清脆爽口，堪称"四凉菜"之首。

必享典故

芥末墩和老舍先生一家颇有渊源。每有客人来，他们往往用此菜招待。一日老舍心血来潮，"命令"夫人胡絜青做几样家乡的年菜，头一道就点了"芥末墩儿"。

夫人胡絜青当即承诺下来，很快便麻利地买来了大白菜、芥末面儿、糖、醋和大绿瓦盆。虽备料齐全，但她以前却没做过。经过三次失败，终于做出了一道独具特色的芥末墩。当然，这道菜也成为老舍待客的必备美味。

 必荐星级

必尝正宗地

许多经营老北京风味的饭店都有销售，如白家大院、京味楼、北平楼、厉家菜、海碗居等。

必知一般价格

根据就餐环境、饭店档次的不同，芥末墩的价格差别也较大，一般每份4～30元。

小窝头

必尝美味

金黄的窝头和雪白的馒头是老北京人餐桌上最重要的两样主食。旧社会穷苦人家吃不起白面馒头，主要就吃棒子面（玉米面）做的窝窝头，有时还会往棒子面里掺些野菜一起蒸着吃。"窝窝头就咸菜"也能成为一餐。不经过发酵的死面窝头很不容易蒸熟。但将窝头做成上小下大、上尖下平的圆锥状并在底部挖洞的方法很好地解决了这一问题。

京味楼门口

必享典故

当年八国联军攻陷北京城，慈禧太后带着光绪皇帝等乔装打扮成难民，连夜逃向了西安。一路上，慈禧太后行色匆匆，生怕暴露身份，所以连食物也没带够。饥饿难忍之时，身边的随从给了她一个窝头。慈禧竟觉得十分好吃，吃得是津津有味。

八国联军退出北京城，慈禧又回到皇宫后，想起了逃难路上那个窝头的香甜。于是，她就叫御厨做些窝头给她尝尝。御厨只好费尽心思地改良了窝头的制法，用细罗筛出各种细面，再加糖制成精巧的小窝头。慈禧一尝，感觉又松软又香甜。从此，窝头摇身一变成了宫廷点心。

百姓餐桌上摆的是粗粮做成的大窝头，宫廷御膳里也有细面做成的小窝头。小窝头用小米面、玉米面、黄豆面、栗子面混合制作而成，形状与大窝头相仿，只是更精致玲珑。小窝头是甜口的，里面往往要加大量的白糖、桂花等物，吃起来是面香伴着甜软。

必品特色

小窝头小巧玲珑，蒸熟后呈金黄色，尝起来香甜细腻、入口即化。

必荐星级

必尝正宗地 ★

北海公园内的仿膳饭庄所做的小窝头最有名。另外，颐和园听鹂馆、白家大院、京味楼等老北京餐馆都有制作，也各具特色，值得品尝。

必知一般价格 ★

不同的饭店，价格有一定的差距。一般每份15～30元。

天津小吃

天津小吃历史悠久、品种繁多、口味独特。其中狗不理包子、桂发祥麻花、耳朵眼炸糕，被称为"津门三绝"。它们已经成为国内外知名的典型天津小吃，备受欢迎。此外，民间的各种小吃也都是色、香、味俱全并且价格合理。旅游天津，如果错过品尝，那将是莫大的遗憾。

狗不理包子

必尝·美味

"狗不理"不仅被公众推为"津门三绝"食品之首，还被大家赋予"津门老字号，中华第一包"的美称，被国际认定为天津市的名牌产品。其历史悠久，经过100多年的发展演变，销售形式多样，国内外开设的连锁公司多达70家。

狗不理包子选料精细，制作讲究。每个包子的褶花匀称且都不少于15个。其馅心种类齐全，有三鲜包、猪肉包、肉皮包、海鲜包、全蟹包、野菜包六大系列，共100多个品种，口味各异，特色不一，给顾客留有很大的选择余地。

必品·特色

包子柔软，味道鲜香，油而不腻，让人流连忘返。

必享典故

清咸丰年间，高贵友的父亲40得子，为了孩子好养活便为其取名"狗子"。14岁的狗子到天津一家蒸吃铺打工学艺，由于其勤奋好学，很快就小有名气。

学了三年手艺后，狗子自己单独开办了一家包子铺，名叫"德聚号"。他精心选馅，严控加工过程，再加上从不掺假，因此其制作的包子十分香软、可口，引来了无数的顾客。从此其包子铺生意红火，名声也传遍各地。由于顾客太多，狗子顾不上和他们说话。这些顾客就说："狗子卖包子，不理人。""狗不理"包子的名称由此而来。

相传袁世凯曾把"狗不理"包子作为贡品献给慈禧太后。太后品尝之后赞不绝口。从此，狗不理包子的名声更是被大家所熟知。

必荐星级 👍👍👍👍

必尝正宗地

以天津和平区山东路77号狗不理的总店（022-27302540）味道最为正宗，其余的分店味道也较正宗。

必知一般价格

不同的馅心价格也不一样，一般40元左右一笼，一笼有8个包子。

桂发祥麻花

必尝美味 "天津三绝"之一的桂发祥麻花由于其店铺坐落于十八街，因此又被人们称为十八街麻花。该麻花的创始人是范贵才、范贵林两兄弟。

桂发祥麻花制作程序复杂，选料讲究，做工精细，在国内外都很受欢迎。其所有原料都是选用全国各地品质上乘的。人们经过反复探索与创新，创造出一种什锦夹馅麻花。其中心加入桃仁、桂花、闵姜、瓜条等多种酥馅，保质期长，甜度适中，越嚼越香，是送礼的首选。

必品特色 桂发祥麻花色泽金黄，酥脆美味，口口留香，使人百吃不厌。

必享典故

清朝末年，天津卫有一条巷子名叫"十八街"。巷子上有一家刘老八开的小麻花铺，叫"桂发祥"。此人精明能干，炸麻花是他的绝活。他炸的麻花飘香四溢，来此购买的顾客总是络绎不绝。由于生意越来越好，刘老八便开了一个店面。刚开始顾客还不少，但久而久之人们就吃腻了这种麻花，生意也因此淡了下来。老人家十分不甘心。

店里有一位少掌柜的，一次游玩回来后十分饥饿，因为没有别的吃食，所以准备吃些点心充饥。正巧店里的点心只剩下了一些渣子，于是他灵机一动便把点心渣和炸麻花的面掺在一起下锅炸。结果炸出的麻花与以往不一样，味道也更加醇香。于是，刘老八细心研究且反复实践，终于研制出了现在的十八街麻花。

必荐星级 👍👍👍👍👍

必尝正宗地 天津桂发祥十八街麻花总店的味道最为正宗，地址是天津大沽南566号。其余分店的味道也不错。

必知一般价格 500克的约30元一盒。

耳朵眼炸糕

被称为"天津三绝"之一的耳朵眼炸糕备受大众青睐，已有100多年的历史。因其店铺的地址紧挨耳朵眼胡同而得名。此炸糕的选料十分讲究，用指定的油类炸制，不添加任何防腐剂，是一种绿色的健康小吃。其独具的特色使它曾获不少奖项与殊荣，可谓实至名归。

耳朵眼炸糕是用黏黄米面包上豆沙馅炸制而成。黏黄米要先用清水泡软，之后将其磨成米浆并装进布袋弄出水分，等到面充分发酵后便可加入碱制作面团了；制作豆馅时先把红豆煮熟并捞出来碾碎，等到白糖化成糖水就可将其放入豆沙中并用中火翻炒，炒熟盛出即可；最后用黄米面包上豆沙馅放入油锅中炸，待到炸糕呈金黄色时便可捞出。注意，油炸时油温不宜过高，以免使炸糕破裂。

其颜色金黄，外酥里软，黏香而不油腻。

必享由米

清光绪年间，北门外大街有一个很大又很繁华的市场。很多小商贩都来这里摆摊做生意。有一个叫刘万春的人开始做流动售货的，后来也来到此地租摊卖起了炸糕，并且把招牌定为"刘记"炸糕。他做的炸糕香甜美味，价格低廉，备受大众欢迎，生意也十分红火。因刘万春的炸糕店靠近一个叫耳朵眼的胡同，顾客们便都风趣地称刘记炸糕为耳朵眼炸糕。久而久之，耳朵眼炸糕这个名称便被大家广泛流传。

必荐星级 ★★★★★

必知一般价格 每个1.5元。

必尝正宗地 天津市南开区东北角大胡同总店（022-87735569）的耳朵眼炸糕最为正宗，其他分店的味道也不错。

锅巴菜

必尝美味 锅巴菜又称嘎巴菜，是天津独有的一道特色风味小吃。它以绿豆、小米为主料，具有清热解毒、健脾开胃的功效，对身体十分有益，还可以解酒。

制作锅巴菜时，要把绿豆去皮并与小米磨成浆；然后用小火将其摊成圆形的薄薄的饼；再用刀把煎饼切成柳叶形。其卤汁是用香油焖葱、姜、香菜，再加入大盐、酱油、碱面等十几种调料制成。吃时可根据个人喜好加入适量的芝麻酱、辣椒糊、腐乳汁等，使味道更加适口。注意锅巴菜是要趁热吃的。

必品特色 **锅巴菜多味混合，清素味香，由于煎饼里添加了卤汁，不仅可以当做菜肴，还可以作为早餐或正餐食用。**

乾隆皇帝大阅图

必享典故 据说清朝乾隆二十二年（1757年），乾隆皇帝二次南巡时，途经天津三岔河口，便上岸逛街。有一个叫张兰的人在此街开了一家煎饼铺（传说张兰是《水浒传》中菜园子张青的后人）。乾隆到此吃煎饼时想要一碗汤。但是此煎饼店不卖汤，于是店家急中生智，把煎饼撕碎后加入一些调料，然后倒上开水给客人端了过去。乾隆喝过汤后，称赞说汤的味道与众不同，之后又问此汤的名称。店家之妻误以为是问自己的名字，便答"郭八"。乾隆帝笑道："汤叫锅巴有些欠妥，不如叫锅巴菜。"过了几天，一个御前侍卫来到此店对掌柜说："你的大福来了！"说着给掌柜了200两纹银。自此锅巴菜就出了名，煎饼铺也改名为大福来。

必荐星级 👍👍👍👍👍

必尝正宗地 以天津红桥区丁字沽一号大福来总店（022-26510727；http://www.dfltj.com/）的味道最为正宗，其他分店味道也不错。

必知一般价格 1.5元左右一碗。

杨村糕干

和珅

必尝美味

杨村糕干又叫茯苓糕干，是天津一种传统的特色小吃。这种小吃看似普通，但味道征服了许多国内外人士，还荣获"佳禾"铜质奖章。周恩来总理还曾用其招待国外来宾，客人品尝后都赞不绝口。

杨村糕干主要以精米、绵白糖为原料。稻米用水浸泡晾干后，将其磨成细面；然后按适当的比例在面中加入白糖，搅拌均匀；待到糖面融为一体后便可放入笼屉内，再用刀将其切成整齐的方块；最后将糕干上锅蒸半个小时左右，等到香味飘出的时候即可。此外，杨村糕干还具有健脾养胃的作用，经常食用，其功效可以和中药茯苓相媲美。

必享典故

相传"杨村糕干"与乾隆皇帝的宠臣和珅有着不解之缘。据说和珅的父亲生性风流。一次，他出游江南的途中路过杨村，在当地的庙里烧香拜佛时看上了一个漂亮的小尼姑。二人一见钟情，随即便坠入爱河。

临别之际，和珅的父亲送给尼姑翡翠镯和白绫作为信物。尼姑后来产下一名男婴，因其触犯庙规而被驱逐出寺院。人海茫茫，想要找到孩子的父亲谈何容易。于是她在白绫上写下孩子的生辰和父亲的名字后便投江自尽了。

附近有一位老和尚，听到婴儿的啼哭后，便找到弃婴将其带回了庙里。由于他每天都喂孩子吃"杨村糕干"，这个孩子竟然保住了性命。等孩子长大后，老和尚带着他去城里找父亲，结果找到了一位王侯之家。王爷看到和尚手里拿的镯子和白绫信物时便痛快地收下了孩子，为其取名和珅。和珅不像其他人那样喜欢山珍海味，却独爱"杨村糕干"。王爷无奈，只好经常派人专程去买。和珅虽然是靠吃"杨村糕干"长大的，但是却非常聪明。后来他不仅做了官，还成为皇帝身边的宠臣。

一次和珅陪皇帝下江南又路过杨村。他特意请皇上品尝了那里的糕干。皇帝吃后不住地赞赏，并亲笔留下墨迹"妇孺圣品"。此后，这道小吃便成为名点。

必品特色 **杨村糕干松软爽口，吃后令人回味无穷。**

必荐星级

必知一般价格 ★

必尝正宗地 ★

天津杨村卖的糕干味道都很正宗。此外，还可以去天津古文化街、天津南市食品街、天津鼓楼、天津和平路去买，味道也还不错。

1元钱左右一块。

天津果仁张

·必尝美味

果仁张是天津的传统特色小吃，已有160多年的历史。其获得的荣誉数不胜数，周恩来总理也曾多次用其招待国外来宾。此小吃选料十分严格，制作工艺也很考究。其品种繁多，有核桃仁、腰果仁、花生仁、松子仁、瓜子仁等多种不同主料；味道也是多种多样，有五香味、奶香味、琥珀味、番茄味、咖啡味等。顾客可以根据个人喜好进行不同选择。

果仁张的营养十分丰富，长期食用，可以防止老化、增强记忆、治疗失眠、预防高血压等疾病。

果仁张品种齐全、色泽诱人、香脆可口，吃后回味无穷，即使长时间储存也不会变质。

必享典故

天津果仁张原本属于宫廷御膳食品，被赐名为"蜜贡张"，历经了四代传人。张明纯是果仁张的创始人，曾在宫中当御厨。他做的蜜贡味道与众不同，因此受到同治皇帝和慈禧太后的宠爱。从此，其声名远扬。到了果仁张第三代时，宫里的御厨便来到民间，创立了"果仁张"。自此，这种食品逐渐被大家所熟知。

必荐星级 👍👍👍👍👍

必尝正宗地 以果仁张（天津）食品有限公司生产的最为正宗，在天津南市食品街的二楼可买到。

必知一般价格 果仁张每盒大小不一，价格也不一样。1000克的果仁张礼盒，一般在100元左右。

石头门坎素包

石头门坎素包是深受人们喜爱的天津传统风味素食小吃，味美价廉，尤其受到老年人的喜爱。其配料讲究，馅心中共有19种副料，皆为各地名产。

制作包子时要注意三个方面：一是和面团时，一定要将其揉匀；二是注意卤汁要用湿淀粉勾芡，不宜太稠；三是蒸包子时要用旺火，蒸至7~8分钟即可。

必享典故

相传晚清时，天津的地理位置靠近大海和河流，因此这里的许多人都靠打鱼为生。渔民们为了祈求家人的平安，经常去天后宫上香拜佛。佛教的戒律是不杀生，不吃荤，于是这些渔民便喜欢素食。

后来有人在海河附近开了一家素食餐馆"真素园佛素包"。由于此餐馆所处地势低洼，每逢下雨，雨水便会流入店内。为此，店主在门口垒了一道石头门坎，成为本店的独特之处。久而久之，人们就根据本店的这一特点而称之为"石头门坎素包店"。

每个包子都有21个褶，皮薄馅多，美味可口。

必荐星级 👍👍👍👍👍

2.5元左右一个。

天津一共有6家石头门坎素包店，均较为正宗，分别为石头门坎素包南市食品街店（022-27328551）、长虹公园店、中山路店、十经路店、河东店、万全道店。

桂顺斋糕点

桂顺斋糕点是拥有80年历史的中国老字号，是津门风味中享有"两斋"美称的其中一个著名品牌。桂顺斋是回民刘珍在1924年创始的，以经营各式清真糕点而闻名。

该店的糕点种类繁多，共有月饼、饼干、汤圆、糕点、冷食、面包、麻花及小食品八大类，300多个系列。其做工精细，味道香甜，尤其是店里的萨其马、蜜供、蜜麻花等宫廷小吃，色、香、味俱全，成为本店的特色糕点。

桂顺斋糕点品种多，做工细，味道香，不可不品。

必享典故

20世纪初，天津是比较繁华的商埠，其大街上有卖各种小吃的摊贩。"大顺斋"火烧铺的老板刘星泉为了生计来到天津。他最先在电车上卖票，因挣钱不多，又干起了老本行，买了个小店，卖一些回民小吃。正巧那年他有了一个女儿名叫"淑桂"。他灵机一动便将其融入到店铺的名字里。于是大顺斋有了个新名"桂顺斋"。

因天津卫人们的消费需求很大，刘星泉便请了几名京味的糕点技师。他们将京津两种风味结合起来，制作出了与众不同的新式糕点。自此，"桂顺斋"的名声逐渐走红，就连许多社会名流也成了这里的常客。

必荐星级

必尝正宗地

桂顺斋在天津共有10多家店，以天津和平区和平路101号（福安大街口）的总店（022-27305961）最为正宗。其他分店桂顺斋狮子林大街店、桂顺斋皇家花园店、桂顺斋和平路二店的味道也不错。

必知一般价格

一般10多元一斤。

崩豆张

"崩豆张"是天津最有名的一家专门制作和销售各种豆类干货小吃食品的私营企业。其起源于清朝末年，距今已有240多年历史；种类繁多，口味各异，分为高、中、低三个档次，共有近20个大类，80多个品种，主要有崩豆、炒黑豆、炒青豆、怪味豆、糊皮、芥末豆、十三香等，产品畅销于中国各地。

其精品"糊皮正香崩豆"，在宫廷中最受达官贵人青睐。

品种繁多，口味各异，香、甜、酥、咸以及各种加馅的崩豆可供消费者选择。

必荐星级 ★★★★

必享典故

张德才曾是宫廷御厨，是"崩豆张"的创始人。清朝末年时，宫廷的大臣和王府将相们酒足饭饱后总想找点小食品来消食。于是张德才反复研究，勤于实践，终于制作出了多种风味的干货食品，有"糊皮正香崩豆"、"豌豆黄"、"三豆凉糕"及果仁、瓜子等，都备受欢迎。

咸丰年间，张德才去世后，张永泰兄弟作为"崩豆张"的第二代传人，带着妻儿到天津定居。他们在城里开了小吃店，自己制作和销售产品。自此"崩豆张"的名声在天津城越来越大，直至家喻户晓。

 必尝正宗地 ★

以和平区古文化街118号（近古文化街派出所）崩豆张（南市店022-27334232）、红桥区湘潭道45号意库创意街内（近水竹花园）的崩豆张（分店）最为正宗。

 必知一般价格

"崩豆张"的品种繁多，不同的小吃种类价格不一。例如崩豆，每500克25元。

河北小吃

　　河北地处北方平原地区，物产丰富，交通便利。各省去北京大都经过河北，因此这里汇聚了很多地方的小吃。

　　河北小吃种类多样，北部有京式小吃特色，东部有海鲜风味，西部和中南部以面食见长。河北小吃最有名的地方要数其老省会保定市，其餐饮业是河北省最发达的，是众多美食的汇聚之地。

驴肉火烧

驴肉火烧是流行于华北地区的有名小吃，起源于河北省保定，以保定驴肉火烧和河间驴肉火烧为正宗。

保定驴肉火烧的做法是先用死面盘成小团，按一下成面饼，放在擦了油的饼铛里烙熟，架在灶里烘烤，至外焦里嫩即成；后趁热用刀把火烧割开，将秘制的熟驴肉夹到火烧里，即成驴肉火烧。河间驴肉火烧又称大火烧夹驴肉，流行于河北省河间市一带，做法是将揉好的死面拉成长条，涂上油，

从中间折合，放到饼铛里烙熟，再烘烤，做成大的长方形火烧；最后在火烧里放入酱驴肉即成。

保定驴肉火烧和河间驴肉火烧的不同点有，前者是圆的，后者为长方形，个较大；前者用的是太行驴，为卤驴肉，是热的，后者用的是渤海驴，为酱驴肉，是凉的。

必享典故

明朝早期，洪武帝驾崩没几年，其四子燕王朱棣便起兵靖难，不几天就杀到保定府徐朱棣水县漕河。但他们在此遭到明官军的截击，大败，兵将陷于无粮境地。一个士兵便杀马煮肉，找来一个火烧夹马肉送给朱棣吃。因马肉纤维比较粗且有小毒，朱棣平时是不吃马肉的，但此时饥饿难当，便顾不了许多，就大口吃起来。想不到其味还不错，遂流传了下来。

后来，朱棣打到了南京，当上了皇帝。老百姓便开始杀马做"马肉火烧"，一时间马肉火烧很是盛行。但没过多久，蒙古人又来犯境。由于对付蒙古人需要战马，朝廷便下令禁止杀马。老百姓便改为杀驴做驴肉火烧，味道比马肉火烧更好，从此便成为固定的做法。

火烧香脆，面焦里嫩，驴肉鲜嫩，柔烂香美。

★★★★★

以保定市老驴头、闫家驴肉老店、苏家金饼、袁家驴肉火烧、永茂驴肉火烧、范家驴肉火烧、土桥曹家驴肉火烧、杨村聚贤庄驴肉大全、顺乐喜乐驴肉馆、犟驴儿火烧，以及河间百年万贯驴肉火烧（0317-3650400）、鹰香阁驴肉火烧、功夫驴驴肉火烧、王胖子驴肉火烧、纳驴肉火烧为正宗。

河间驴肉火烧个大，一个约10元；保定驴肉火烧个小，约7元一个，一个人至少需两个。

鲜花玫瑰饼

 必尝美味　鲜花玫瑰饼，又称"内府玫瑰火饼"，是河北承德的名产品，已有300余年的制作历史。原为清宫廷糕点，民间在端午节以此食品为礼品和供品。其做法是用当地产的玫瑰花配以白糖、桃仁、瓜仁、青红丝、香油做成馅，用面皮包馅做成饼，叶边打印红花和"玫瑰细饼"四字，入炉烤熟，中心再缀以香菜叶而成。由于玫瑰饼的原料中含有玫瑰，因而具有美容养颜功效。

 必品特色　**其外形美观，酥软绵软，香甜可口，玫瑰香味浓郁。**

 必荐星级　👍👍👍👍👍

 必尝正宗地★　承德做玫瑰鲜花饼的地方很多，以平泉县最为有名，正宗的都是甜的，在避暑山庄、裴翠楼及各大商店都有出售。

 必知一般价格★　一斤35元左右，一个约2元。

康熙

必享典故

清朝康熙年间，每次康熙帝至承德避暑或去围场打猎时，都把玫瑰饼作为专供食品享用。据说鲜花玫瑰饼是乾隆御厨的得意之作，很受乾隆皇帝喜爱。乾隆常以鲜花玫瑰饼赏赐王公大臣。因此玫瑰饼在北京与河北名气很大。农历四月玫瑰花盛开之季，采其做饼上市，很受欢迎。

承德拨御面

必尝美味

　　承德拨御面是用荞麦面做的，在当地享有盛誉，清朝乾隆年间被列入御膳。它的卤是用老鸡汤、猪肉丝、榛蘑丁、木耳、盐等熬制的。另用一锅加少许水，放入蚝油、陈醋、白砂糖，煮成汤汁。面煮好后，浇上卤，加入鸡蛋丝、海苔丝、葱花、辣椒粉，淋上汤汁，即可食用。荞麦面含胆固醇低，有开胃健脾、降低血压的功效。

必品特色

面洁白如雪，细如发丝，筋道柔软，香而不腻，爽滑利口。

必享典故

　　据《隆化县志》记载，乾隆二十七年（1762年），乾隆皇帝前往木兰围场狩猎，途经隆化县一百家子村（张三营），驻于当地的行宫。行宫主事当地拨面师姜家兄弟制作荞麦拨面。姜家兄弟便用西山龙泉沟的龙泉水和面，配以老鸡汤、猪肉丝、榛蘑丁、木耳等做卤。拨面做好后，送到御膳桌上。乾隆一看，面条洁白无瑕，条细如丝，且清香扑鼻，顿时食欲大开，吃了两碗，称赞此面"洁白如玉，赛雪欺霜"，还命赏给姜家兄弟白银20两，并将此面列入御膳。一百家子村的荞麦拨面一下子名声大噪，从此改名为"拨御面"。

必尝正宗地 以河北省隆化县张三营镇（原一百家子村）、承德避暑山庄的拨御面最为正宗。

 必荐星级

 必知一般价格 一碗约10~20元。

南沙饼

 必尝美味 　　南沙饼，又名南沙酥，是承德地区的传统小吃，原是清宫糕点，已有200多年的历史。现在生产的饼有四个品种，即南沙、豆沙、麻酱、山楂。四种糖饼同装一盒，以饼上红点标记。饼中心金黄色，边缘银白色。饼皮多层，且薄如纸。南沙饼味好貌美，是招待贵宾、馈赠亲友的佳品，1992年获河北省优秀食品"金鼎奖"，2009年被列入河北省非物质文化遗产，2012年被承德市评为最受游客喜欢的旅游食品。

必享由来

　　清朝时皇帝命承德避暑山庄的御厨制作大量馅饼，给蒙古王公当干粮。这种馅饼要方便携带，久放不坏。御厨便根据要求，用精白面、糖、猪油、苜蓿、桃仁、瓜子、青红丝等制成南沙酥。后来御厨刘德才老师傅流落到平泉县，将制南沙酥的手艺带到了平泉。

 必品特色 **有一种幽香的气味，酥甜可口，甜而不腻，营养丰富。**

 **必荐星级**

 必尝正宗地★ 　　以承德市平泉县利发糖饼厂（0314-6024610）的南沙饼最好，有盒装的。避暑山庄、承德、平泉各大商店有售。

 必知一般价格★ 　　一盒9个4种口味，厂价13~15元；一礼品袋4盒，约54元；一礼品箱6盒，约81元。

金丝杂面

 必尝美味

金丝杂面是衡水饶阳的传统风味，已有250多年的历史了，在清朝未年曾为贡品。它是用绿豆粉、精白面、芝麻面、鲜蛋清、白糖、香油六种原料混合制成，因为面条细如丝，色金黄，故名"金丝杂面"。制作时把和好的面擀成如纸薄片，稍晾片刻，至不干不湿，不断不黏时，折叠，切成细丝，盘成把，晒干后包装起来。

食用时先在锅里配好汤，烧开后下面，下完即可捞出，入碗加汤食用，故有"速食面"、"方便面"之称。金丝杂面营养丰富，有消热、祛毒、开胃、降压的功效，加之食用方便，鲜美适口，做工美观，长放不坏，故常当做礼品。

必享典故

相传在清道光年间，衡水饶阳东关有一位卖杂面的农民仇发生，历经数年，研制出金丝杂面，因味好，做工好，很快在衡水一带有了名气。据清同治、光绪年间吴汝纶撰写的《深州风土记》记载，金丝杂面一斤"千六百刀，面细如丝"。清朝末年，有一位太监回肃宁老家省亲，到饶阳东关仇家面店买了一些金丝杂面，当做礼品带回宫廷，做的汤面味道很好，受到称赞。从此金丝杂面成为"宫面"的一种。1929年在天津国货展览会上，仇家金丝杂面又荣获二等奖，奖状上印有孙中山先生的半身免冠照片，下书"制造精良，品质尚佳"八个金字，奖章为铜制景泰蓝，上铸有孙中山先生的头像。现在，饶阳金丝杂面生产厂家有80多个。

 必品特色

色黄透明，细如发丝，耐煮不烂，清香爽口。

必荐星级 👍👍👍👍

必尝正宗地 ★

 必知一般价格
各牌价格不一，一盒4市斤约50~90元。

以饶阳县生产的"仇氏正宗金丝杂面"和"沱阳牌金丝杂面"（0318-7221588）最为有名，在河北省衡水、饶阳的商店均有销售。

银丝杂面

必尝美味

　　银丝杂面是用豌豆、绿豆、冬小麦、豇豆磨成面，做成的面条，是承德的传统食品，已有数百年的历史。因其面条色白，细如丝，故名"银丝杂面"。承德处于杂粮产区，产豌豆、绿豆、豇豆，古时冬天麦子需从关内购进，售价很高，人们就用杂面面掺小麦面粉轧制成面条食用，味道很好。后来这种杂面面条便成为清宫御膳之一。

　　品尝时先把面条煮好，再根据个人口味配以肉丁、蔬菜、辣酱和其他佐料享用。这种杂豆面条营养丰富，有消热、祛毒、开胃、降压的功效，常食对冠心病、糖尿病很有好处。

承德避暑山庄湖区

必享典故

　　清乾隆皇帝每次到避暑山庄，都要派太监到热河街购买银丝杂面面条，买回后由御厨做成汤面，供自己和妃子们享用。清朝末期，承德经营杂面的铺子有十几家，以火神庙"广益水"、"三官庙"、"义泰兴"、"磨坛"等几家杂面铺最为有名。这几家店铺的银丝杂面面条用料考究，制作精细，可作为礼品馈送家人。

必品特色　清淡爽口，筋道耐拉，色白美观。

必荐星级

必尝正宗地　以承德美食街、避暑山庄的最为正宗。

必知一般价格　一碗约10~15元。

山海关四条包子

必尝美味
　　四条包子是河北山海关的著名小吃，在冀东、辽西一带享有盛誉，因老店原来开在山海关古城四条街上而得名。四条包子皮厚薄适度，馅以猪肉大葱馅为主，大笼蒸，小盘盛，一切都是那么朴实无华，使人看着放心，吃着舒心。

必品特色
　　皮薄厚适中，绵软而不变形；馅味道鲜美，香而不腻；若辅以老醋、蒜末食用，味道更佳。

秦皇岛山海关

必享由来
　　山海关的包子在民国时期就有，但当时还不叫四条包子。新中国建立后对工商业进行改造时，山海关市把原来的"大众"、"胜利"、"和平"、"永固"、"同顺"等饭店合并为"山海关区合作食堂"，其中有一个四条门市部，即四条包子馆前身。几十年来四条包子一直是当地人喜爱的美食，享有很高的声誉，先后曾获河北名吃金质奖、河北名吃金鼎奖、秦皇岛首届"十佳名吃"、秦皇岛首届"旅游名吃"等荣誉。

必荐星级 👍👍👍👍

必尝正宗地
　　以山海关古城街西三条胡同南大街路口西南侧的四条包子老店（0335-5051718）的最正宗。

必知一般价格
　　因馅有多种，故价格不一，人均消费15~30元不等。

山西小吃

　　山西是我国文明起源地之一，有悠久的历史，文化沉淀深厚，美食众多。

　　山西小吃以面食见长，既可当小吃，又可当主食。其面食历史悠久，品类有280多种，有的已有2000多年的历史。面食的原料有小麦粉、高粱面、豆面、荞面、莜面、红薯面、榆树皮面和其他杂粮面，营养丰富。

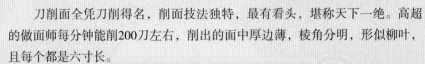

刀削面

必尝美味

刀削面是山西面食的代表，中国五大面食之一，山西四大面食之一。其起源于元朝时的山西，至今已有数百年的历史，故天下刀削面以山西为正宗。

刀削面全凭刀削得名，削面技法独特，最有看头，堪称天下一绝。高超的做面师每分钟能削200刀左右，削出的面中厚边薄，棱角分明，形似柳叶，且每个都是六寸长。

山西刀削面的卤又称浇头、调和、臊子，有秘传配方。一般的店家宁传别人削法，不传其制卤配方。卤有多种，有番茄酱、肉炸酱、羊肉汤、鸡肉、金针木耳鸡蛋等。面出锅入锅之后，加卤，再加上些鲜菜，如黄瓜丝、韭菜花、绿豆芽、煮黄豆、青蒜末等，再加点辣椒油和老陈醋，吃起来味美可口，也是人生一大享受。

必品特色

面外滑内筋，软而不黏，卤鲜香，配陈醋吃，别具风味。

削面的师傅

必享典故

元朝蒙古鞑靼人统治中原时，为防止汉人起义，规定十户共用一把厨刀，用后交回鞑靼人保管。当时山西有一户人家，有老两口，一天中午，老婆婆做好高粱面面团，让老汉去保长那里取刀。老汉去取时，刀却被别人先拿走了，只好返回。当走到保长的大门时，他看见一小块薄铁皮，便拾了起来。回到家时，全家人正等着用刀切面条吃，可是刀没取回来。老汉便拿出小铁片说："就用这个试试！"

老婆婆手拿小铁片先是切，再是砍，因均不顺手，渐渐改为削，一会儿便把面削完了，做了一顿很好的面条。这样一传十，十传百，传遍了山西大地。

必荐星级 👍👍👍👍👍

必尝正宗地 ★

必知一般价格 ★

分环境，一般小饭店一大碗6~10元，大饭店一大碗15~20元，小碗稍便宜些。

山西北部地区刀削面最多，以大同的最有名，有大同东方刀削面、七中刀削面、银河飞渡刀削面等。太原有大南门后面解放路南头17号太原面食店（0351-2022230）、迎泽区并州路151号山西面食大全、迎泽区柳南云路街9号并州苑面食大全等。

抻面

抻（chēn）面，又称山西拉面、一根面、甩面、扯面，是山西四大面食之一，常作午餐享有。抻面又分大拉面和小拉面，一根面属大拉面，细面属小拉面。将面和好，搓成长面卷，抹上清油，防止面条粘连。应食客的爱好，能拉出粗、二细、三细、细、毛细五种圆面条。或将面片拉大宽、宽、韭叶三种扁面条。还有厨师能拉出空心拉面、夹馅拉面和棱角分明的"荞麦楞"。做拉面纯是手工技艺，不能加任何食用胶。把拉好的面入锅煮熟，捞出入碗，加卤和鲜菜，即可食用。

必品特色 面条光滑筋道，柔韧不黏，柔软可口，味道香美。

必享典故

清末陕西人薛宝展著的《素食说略》记载了清朝时山西的拉面，云："其以水和面，入盐、碱、清油，揉匀，覆以湿布，俟其融和，扯为细条，煮之，名为桢面条。做法以山西太原平定州，陕西朝邑、同州（今大荔县，近山西）为最佳。其薄等于韭菜，其细比于挂面。可以成三棱之形，耐煮不断，柔而能韧，真妙手也。其余如面片、面旗之类，毋庸赘述矣。煮成面条，激以冷水，晾干水气，入油炸透，以高汤微煨食之，清而不腻，袁文诚遗法也。"现在的山西拉面以晋中地区、太原、阳曲县、阳泉县的最为著名。

必荐星级 👍👍👍👍👍

必尝正宗地 以太原大南门后面解放路南头17号太原面食店、迎泽区并州路151号的山西面食大全最为正宗。

必知一般价格 分环境，一般小饭店一大碗6~10元，大饭店一大碗15~20元，小碗稍便宜些。

剔尖

必尝·美味　　剔尖，又称拨鱼、八姑、拨股、剔拨股，是流行于晋中一带的传统面食，与刀削面、抻面、刀拨面合称山西四大面食。剔尖面条是用筷子从面盘边上剔出来的，面条比较短，呈中间圆、两头尖形状，故名。因做出的面条好似小鱼儿，又被称为"拨鱼"。剔尖有放在专用的铁板上，配专用铁筷做的；有把面放盘或碗里，用竹筷剔的。高手就着盆沿也能做。

做剔尖的面有小麦面、高粱面及其他杂粮面。所和的面要稍稀，否则很难剔出长而不断的面条来。把和好的面放在专用铁板（或盘子）上，可顺其边缘用筷子将一缕缕面剔出。其要点是在面条将离板（盘）边之时，顺势将其拉长，用筷尾快速拨离板（盘）边，将剔出的面鱼直接入锅。面煮好后，捞出入碗，加卤和鲜菜，即可食用。

必享典故　传说唐贞观年间，秦川大旱，魏徵荐晋中绵山（介山）的高僧田善友祈雨。后果然大雨倾盆，解了旱灾。于是李世民带领一些大臣赴绵山还愿。皇妹八姑亦要求随同前往。还愿后，众人皆回去，八姑却留在绵山修行。八姑时常为当地乡民采药医病，一日，为一患病老妪做面条时，面和稀了，可锅中水已开，便把面放在小板上，用一根筷子往锅里拨，竟也拨出了一根根面条。老妪吃时问："孩子，这是啥？"八姑误听为："孩子，你叫啥？"便说："八姑。"老妪误听为"拨股"。从此介休一带称此面为"拨股"或"八姑"。

唐太宗李世民

必品特色　　**剔尖滑溜筋道，柔软不黏，鲜香爽口，易于消化，随卤的不同，味有多种变化。**

必荐星级　👍👍👍👍👍

必尝正宗地　以太原大南门后面解放路南头17号太原面食店、迎泽区并州路151号山西面食大全，以及汾阳市老田剔尖最为正宗。

必知一般价格　一般小饭店一大碗6~10元，一小碗5~8元；大饭店一大碗15~20元。

平遥牛肉

必尝美味 平遥牛肉是山西名产品，在明清时已很有名。其制作采用独特的传统工艺，在屠宰、切割、腌渍、锅煮等操作程序上严格要求，对用盐、用水和加工的节气时令也十分讲究，前后共约需1个月才能做成。经国家肉类食品质检中心检测，平遥牛肉的钙、铁、锌、维生素含量比一般牛肉高，是牛肉中的上品。

必享典故

清朝末期，慈禧太后避八国联军之难逃往西安，路过平遥时，山西地方官特献平遥牛肉。太后闻其香而提神，品其味而解困，将其列为宫廷食品。1956年在北京全国食品博览会上平遥牛肉被评为"全国名产"。1997年冠云牌平遥牛肉获山西省著名商标，1999年被认定为国际农业博览会名牌产品。

必品特色 色泽红润，茬口鲜红，肉质鲜嫩，瘦而不柴，肥而不腻，软硬均匀，咸淡适中，绵软可口。

必荐星级 ★★★★★

必尝正宗地 以冠云牌平遥牛肉最为有名。另外，晋豪牌牛肉、云青牌牛肉、威壮牌牛肉、年红牌牛肉也很好，各大商店均有销售。

必知一般价格 各品牌的价格不一，一袋454克的50~80元。

太谷饼

必尝美味

太谷饼是山西省传统八大糕点之一，当地俗称"干饼"、"烧饼"，因产于晋中市太谷县而得名，以香、酥、绵、软闻名，享有"糕点之王"的美誉。太谷饼原名甘饼，始制于明朝后期，已有400多年的历史。

其基本做法是先将白面、白糖、食油、碱面、饴糖放入盆内，调拌均匀，加温水和面，揉匀，上案板搓成长卷，揪成小段的剂子；再扨上一层芝麻，按成饼形，放入扣炉内，先烫正面，稍等一会儿，定住皮后，把饼翻过来烤；底火不能大，扣上炉盖，留小口通气，约烧十几分钟即成。

烤好的饼呈圆形，直径约11厘米，厚约3厘米，边与心大致厚薄均匀，表皮为茶黄色，黏有一层脱皮芝麻仁。此饼能时间长储存，既可作茶点，也可当旅行食品，是人们相互馈赠的上好礼品。另外还有包入澄沙、枣泥或其他糖馅的太谷饼，称为带馅太谷饼。

必品特色 酥而不碎，软而不绵，甜而不腻，味美鲜香。

必享典故

以前太谷饼主要卖给富商官宦之家，一般人家买不起。清朝末期慈禧太后亲尝太谷饼后，将其列为宫廷食品，以致身价倍增。民国二十三年（1934年），蒋介石到太谷视察，孔祥熙用太谷饼招待。饼味之美出乎蒋的意料，遂大加称赞了一番。后来国民党败退我国台湾地区，孔祥熙一家也迁移我国台湾地区，仍用太谷饼招待贵宾，使其在台湾地区的上流社会也很有名声。

必荐星级 👍👍👍👍

必尝正宗地

晋中市各大商店有售，以晋中市太谷县荣欣堂太谷饼（0354-6136540）、文成堂太谷饼、鑫炳记太谷饼（0351-6136037）最为正宗，另有鼓楼太谷饼、喜蓉太谷饼，味道也不错。

必知一般价格 各家价格不一，138克的一袋8~18元。

闻喜煮饼

必尝美味 闻喜煮饼是山西传统的八大名点之一，产于晋南闻喜县，因晋南人称"炸"为"煮"，故名闻喜煮饼。闻喜煮饼历史悠久，源于明朝末期，曾是贡品。它虽名为煮饼，但不是饼形，而是圆球形的。

其外皮黏满白芝麻，外表是月白色的，里面有密炙的棕色饼皮，柔软得能拉出丝来，心是黄色的。有的煮饼还包入不同馅心，制成花样煮饼，如蜜糖煮饼、香蕉煮饼、豆沙煮饼等，口味也很好。

必品特色 酥沙松软，不皮不黏，甜而不腻，食后有松柏的余香。

康熙

必享典故

相传清朝时康熙皇帝巡行路过闻喜县，地方官依例治办宴席，上美味佳肴。康熙对其他菜不很喜欢，唯独觉得闻喜煮饼味道香美，不同于一般。从此闻喜煮饼名声大振，远销北京、天津、上海和陕、甘、宁三地。

必荐星级 ★★★★

必尝正宗地 以德祥隆闻喜煮饼、俊祥慧闻喜煮饼、永祥和闻喜煮饼最为正宗。

必知一般价格 400克的一盒为10~20元。

蒲州青柿柿饼

蒲州青柿柿饼是山西的著名点心，明清时为贡品。永济（古蒲州）、韩阳一带栽培柿树约有1500年，品种丰富，素有柿乡之称，有猪头柿、珠柿、木柿、青柿、板柿、小柿、橘蜜柿、艳果柿、暑黄柿、小绵柿、牛心柿、盖柿等，以青柿最佳。

蒲州青柿个大，呈扁形，似蒸馍，橙黄色，皮薄无核，肉细汁多，甘甜味美，富含胡萝卜素、维生素C、葡萄糖、果糖及钙、磷、铁等矿物质。以青柿加工的柿饼，饼霜厚，饼肉绵软汁多，能拉出一尺长的油丝。蒲州青柿柿饼在1918年巴拿马"万国博览会"上获一等金盘奖。

个大如饼，色泽黄亮，肉细浆多，拉扯成丝，味甜无籽。

必荐
星级 👍👍👍👍

必尝
正宗地
★

永济各大商店销售的均较为正宗。

必知
一般价格
★

蒲州青柿柿饼价高，500克一袋15~20元，其他柿饼500克一袋8~15元。

必享典故

清光绪十二年（1886年）的《永济县志》卷三记载："柿为蒲人利，如古所谓木奴者矣。其植多者千树，少犹数百株。"当地人称柿树是"铁杆庄稼"、"木本粮食"。除蒲州外，山西晋南大部分地区，如万荣、芮城、运城、河津、平陆、稷山、闻喜、晋城、垣曲等地，都盛产柿子，有近200多个品种。

柿子性味甘、涩、凉，具有降压止血、清热解渴的功效，对咽喉热痛、咳嗽痰多、口干吐血、肠内宿血、腹泻痢疾等症也有疗效。

内蒙古小吃

内蒙古小吃如草原人民一样有着粗犷豪放的特色，以奶食、肉食和粮食为主。其制作方法较简单，注重原料的本味，崇尚丰满实在。

以奶为原料制成的食品称为"白食"，其中马奶酒、奶干、奶豆腐、奶皮子、酪酥等当属特色风味。以肉类为原料制成的食品称为"红食"，小吃中最常见的是手把羊肉及牛、羊肉干。粮食制作的各种小吃在蒙古族日常饮食中也日渐增多，蒙古族特色的炒米、稍美、哈达饼等都是游客们不能错过的美味。

奶皮子、奶豆腐、奶干

必尝美味

奶皮子、奶豆腐、奶干在内蒙古草原被称作"查干伊德"，即圣洁、纯净的食物，简称"白食"。"白食"由牛、马、羊或骆驼鲜奶制成，营养丰富，非常珍贵。蒙古人奉"白食"为"百食之长"，在款待客人、祭拜祖先神灵时都必不可少。

奶皮子、奶豆腐、奶干的制作方式基本类似。把马、羊、牛或骆驼鲜乳倒入锅中，小火慢煮，待表层有了脂肪凝结时，用筷子挑起，悬挂在通风处晾干即为奶皮子。奶豆腐在制作前需让鲜奶发酵，而后倒入锅中熬，奶浆变成豆腐形状后放在纱布中压去水分即成。制作奶干则是用布袋把发酵的牛奶装起来，吊在通风处晾干，而后用细线或马尾将晾干的奶糕切成片状，置木板上晒几日即可。

必享由来

蒙古草原是一个天然大牧场，从古到今的畜牧业都很发达。大量的牲畜不仅为牧民提供了丰富的肉食，也生产了大量乳汁。蒙古民族很早就开始食用、加工奶制品，在《马可·波罗游记》《蒙古秘史》等史料中都有记载。因蒙古族各部落之间的习俗不同，奶食品制作方式千姿百态，品种各异。

必品特色

奶皮子、奶豆腐、奶干微酸带甜，乳香浓郁，营养丰富。牧民们常将其泡在奶茶中食用。其中奶豆腐因形状不同，味道各异。厚块奶豆腐柔软浓香，而薄奶豆腐香甜油腻，入口即溶。

必荐星级 👍👍👍👍👍

必知一般价格 奶皮子每斤16元左右；奶豆腐每斤20元左右；奶干每斤12元左右。

必尝正宗地 现全国各大超市都有包装好的奶皮子、奶豆腐、奶干出售，但最好在内蒙古牧民家中品尝其正宗口味。

稍　美

必尝美味　稍美又称烧美、烧卖，是呼和浩特传统风味点心。早在清朝呼和浩特被称为"归化城"时，稍美就已名扬京城。古时稍美多由茶馆经营，专做早点，如今已成为街头常见美食。

稍美皮薄且精美，由特制的稍美锤擀成荷叶状，其馅红、白、绿三色糅杂，以羊肉粒、葱姜、熟淀粉等料拌成，用稍美皮裹馅，捏成石榴状，上笼蒸7分钟左右即熟。

必品特色　**稍美外表晶莹透明，皮薄如蝉翼，味鲜香四溢，配上当地砖茶、辣子，其味更佳。**

必享典故

相传乾隆某次到阴山打猎，傍晚时发现所处地方已离营地很远。一行人饥肠辘辘，突然发现山路边有一家闪着灯光的小店。大家开心地向小店走去，只见店门上挂着两行字："你进来你我都温饱，不进来你我都挨饿。"乾隆心怀好奇，找到老板询问有什么食物提供。可是小店经营了一天，米面和肉菜都快用尽。老板灵机一动，用仅剩的面粉和好面，将葱与他们所猎的羊肉做成馅，裹成石榴状的点心置笼屉上蒸熟。乾隆吃了数十个后依然意犹未尽，大加赞赏，将其取名为"稍美"。

必荐星级　👍👍👍👍👍

必尝正宗地　呼和浩特玉泉区大北街44号麦香村（0471-2296666）、回民区太平街曹忠烧卖店及赛罕区人民路南口清晨源烧卖店售卖的稍美口味正宗。

必知一般价格　每两12~15元。

马奶酒

必尝美味

马奶酒又名紫玉浆、元玉浆，是"蒙古八珍"之一。元代时其被称作"忽迷思"，是宫廷贵族主要饮品。忽必烈常用金碗装上马奶酒，犒赏有功之臣。马奶酒由乳糖发酵而成，呈雪白黏稠液体状。其酒精度只有两度左右，草原的人们即使喝多了也依旧能轻松跨马骑行。

每年七八月份是酿制马奶酒的最好季节。勤劳的蒙古族妇女会把采集的新鲜马奶灌进马皮缝制的囊中，不停地摇动后放入酒酵母，置于温暖地方让其发酵，待有酒香散出时即可饮用。现如今，经六蒸六酿的奶酒口味最香浓。

必品特色

马奶酒醇香澄澈，口感酸甜，酒性柔软，有驱寒活血、舒筋补肾功效。

铁木真

必享典故

相传元朝初年漠北一片动乱，蒙古各部落之间明争暗斗，各立君王。17岁的铁木真继承父亲遗志，跨上战马重整家园。其妻子温婉贤惠，在家中等待远征的丈夫归来。某天她在制酸奶时，意外嗅到锅盖上流出的水珠有股特殊的奶香，放入嘴中品尝香甜可口。而后她渐渐掌握了制酒工艺，并亲手制作酒具开始酿造。在铁木真登上大汗宝座时，她端出精心酿造的奶酒献给大汗，赢得了成吉思汗极高赞誉。成吉思汗将此酒取名叫赛林艾日哈，封为御膳酒。

马可·波罗在元朝为官时，曾饮用过元世祖忽必烈亲赐的马奶酒。他对中国奶酒的制作技术由衷叹服，并在《马可·波罗游记》中将蒙古马奶酒的美名传播到西方。

必荐星级 👍👍👍👍👍

必尝正宗地

蒙古族牧民家家户户都会酿马奶酒，其中作为商品出售的以"龙驹"牌马奶酒最为出名。

必知一般价格

市场上的马奶酒每瓶30~80元。

手扒肉

必尝美味 手扒肉通常指手扒羊肉，因用手抓着吃肉而得名。他是蒙古族千百年传统食品，款待客人时必不可少。席间大家手执蒙古刀，大块割肉或用手撕着吃，淋漓尽致地体现出蒙古人的豪爽。

蒙古牛羊以五香草为食，其肉烹煮时不加调料亦鲜美。通常选用肥美肉嫩的小羊，剥皮清洁干净后切成数十块，放入白水锅中大火煮，当肉开始变色微带血丝时即可捞出，装盘上席。

必品特色 **除了品味到肉的鲜嫩味美外，手扒肉独特的制作方式、吃法也让游客们感到新奇有趣。**

乌兰布通草原悠闲的马

必享典故

手扒肉是蒙古人几千年来常吃不腻的食物。古时蒙古草原上的人家无论贫富，都以手扒肉为主食。牧民们几乎日日离不开它，一年下来数量巨大。近代民俗资料《蒙旗概观》中记载："蒙古人之通常之食量颇巨，每日饮茶十数碗，餐肉十数斤，饥甚颇有食全羊之事，然偶值三五日不食，亦无关也。"

手扒肉的特殊吃法可以追溯到古代。明代书籍《夷俗记·食用》中写道："其肉类皆半熟，以半熟者耐饥且养人也。"

必荐星级 👍👍👍👍👍

必尝正宗地

必知一般价格

内蒙古各大超市都有出售真空包装的手扒肉，大饭店也有制作，但要领略真正的风味还需到内蒙古大草原或牧民家中品尝。

饭店每斤50元左右，超市每盒售价60元左右。

蒙古炒米

必尝美味

炒米是蒙古族人最喜爱的食物之一，当地人称其为"崩"。蒙古族不可一日无茶，也不可一日无炒米。

炒米由糜米经过蒸、炒、碾等多道工序制成，先把清洗干净的糜米置锅中煮到米嘴破开，捞起后放在筛子里晾凉；同时将五碗沙子放入锅中翻炒，沙子烧红时舀三碗煮熟的糜米倒入，待米粒膨胀后迅速将其倒回筛中；最后摇动筛子，沙子与炒米分离。

必品特色

蒙古炒米吃法多样，可用奶茶泡着吃，可加入奶皮、黄油等拌着吃，还可干嚼等。其香咸可口，风味尤佳。

成吉思汗

必享典故

相传1219年成吉思汗热情接见了三名回回国商人。他们带来了蒙古地区少见的日用商品及精美棉织品。在商人们临行前，成吉思汗选派了450名懂得西方礼节习俗的穆斯林。他们随身带着金银财宝与商人们一同到回回国做生意。没想到在讹答剌城，将军亦纳勒术赤黑将商队人员全部杀害，只有一人侥幸逃脱。成吉思汗听闻后万分恼怒，不久便率领20万蒙古大军踏上征途。当成吉思汗军队带着炒米等干粮来到了讹答剌城下时，没料到遭到回回国军队两面夹击。成吉思汗大军被围困多日，众将士掘井饮水，依靠仅有的一点炒米撑到了援兵到来。最后亦纳勒术赤黑被活捉，饮金银水而死。

必尝正宗地

各地蒙古饭店有出售，部分超市也有卖。

必荐星级 ★★★★

必知一般价格 每斤17元左右。

蒙古奶茶

必尝美味　蒙古奶茶是蒙古族牧民日常饮品。当地人嗜茶，将其视为"仙草灵丹"。作为草原奶茶，它还是所有奶茶的鼻祖。

　　蒙古奶茶用砖茶混合鲜奶加盐熬制而成，先将捣碎的茶放入白开水中煮，待其茶香浓郁时将茶叶捞去，再加入适量鲜牛奶，用勺搅拌至茶乳交融，再次开锅即可。蒙古族还喜欢将各类野生植物的果实、叶子、花放入奶茶中同煮。其营养丰富，有驱寒防病功效。

必品特色　**蒙古奶茶品种繁多，香味独特，需细细品尝，才能体会到茶的清香，奶的甘酥。可加黄油、奶皮子或炒米等食用，其味咸爽可口。**

必享典故

　　据考证，早在1300年前就已经有"酸枣稀饭"、"嘎仁萨面茶"、"西仁宝日玛汤"等奶茶。而"西番茶"、"金字茶"、"玉盘茶"则是古时蒙古贵族专用茶。古时一块砖茶能换一头牛或一头羊，当地人有"以茶代羊"馈赠朋友的习俗。奶茶能温暖肚腹，抵御寒冷，又能补充因吃不到蔬菜而缺少的维生素，所以备受草原人民喜爱。牧民的一天往往从喝奶茶开始，这种习俗作为内蒙古历史文化现象一直延续至今。蒙古族流行这样一句话："宁可一日无食，不可一日无茶。"

必荐星级 👍👍👍👍👍

必尝正宗地　蒙古额吉牌奶茶，内蒙古各市大商店皆有出售。

必知一般价格　每袋500克的20元左右。

酸奶

酸奶是内蒙古牧区常见饮品，分生酵酸奶和熟酵酸奶两种。其由鲜牛奶或羊奶、马奶、骆驼奶发酵制成。制作生酵酸奶方式简单，用纱布把鲜奶过滤后倒入直木桶或铁皮筒内，密封放在温度17℃左右的地方，两天后其发酵成块即可。熟酵酸奶则是将鲜奶煮开，然后在晾温的熟奶中加入酸奶，放置在通风处待其发酵几个小时则成。酸奶发酵的时间越长，味道愈佳。内蒙古酸奶天然纯正，营养丰富，现已畅销全国。

酸中带着淡淡的青草芳香，稠滑浓郁，放入白砂糖后，酸中透甜，奶香四溢。

必享由来

据考证酸奶在4500多年前就已经出现，源于一次偶然。古时游牧民族存放的羊奶由于细菌污染经常变质。有一次空气中的酵母菌进入羊奶，使其发酵后变得酸甜可口，这就是最早的酸奶。牧民们发现这种酸奶很是香醇，便经过实践，逐渐得出制作酸奶的方法。自此，酸奶制作工艺世代沿袭。

必荐星级 ▶▶▶▶▶

必尝正宗地 ★

内蒙古人民自家所制酸奶最为正宗。现市场上以蒙牛和伊利牌酸奶最为出名。

必知一般价格 市场上售价每瓶1.3~30元。

蒙古牛肉干

必尝美味

蒙古牛肉干又名风干牛肉干，源于蒙古铁骑的战粮。因其携带方便，营养丰富，古时被誉为"成吉思汗的行军粮"，现如今是内蒙古特色佳点。牛肉干制作工艺简单，先将新鲜牛肉剔去骨后切成大块，放入锅中烹煮至七八成熟；然后捞出晾凉后切成大薄片；最后在汤锅中放料酒、红糖及桂皮、花椒等料，烧沸后放入刚制好的牛肉片，旺火煮半小时，捞出烘干即成。

必品特色

牛肉干咸香味浓，嚼劲十足，吃后回味悠长，且含有人体所需的多种矿物质。

必享典故

成吉思汗建立蒙古帝国时，牛肉干在蒙古骑兵远征作战中发挥了巨大作用。蒙古军"出入只饮马乳，或宰牛为粮"。只要有供牲畜食用的水草，蒙古军队就不用担心粮食。宰杀一头几百斤的牛，将牛肉晒成十几斤的肉条装入袋中，给行军带来了极大的便利。

必尝正宗地★

康子郎手撕风干牛肉干最为出名，在各地商场有售。

必荐星级★ 👍👍👍👍👍

必知一般价格★

每包70元左右。

赤峰对夹

必尝美味　　对夹是内蒙古赤峰的传统特色烧饼，与普通芝麻烤饼在制作工艺及风味上都大不相同。赤峰对夹用油水和面制饼胚，涂以酥油后在吊炉中烘烤，然后摆到铁制叉子上用微火重烤，内夹熏肉即可。

必品特色　　**赤峰对夹呈金黄色，面饼外脆内软，香酥美味，熏肉肥而不腻，柴而不瘦。**

必享典故

赤峰对夹源于乾隆年间。时值清朝太平盛世，乾隆每年夏季都要到承德避暑山庄狩猎。传闻某次皇帝在木兰围场追逐一只猛虎，在赤峰脚下将老虎猎杀。乾隆皇帝非常开心，下令御厨在赤峰下的"松山馆"摆宴庆贺。席上虽有38道宫廷佳肴，但群臣独对双夹赞不绝口。其后双夹的制作秘方传入赤峰民间，流传至今。

必荐星级　★★★★

必尝正宗地　★

必知一般价格　★　每个6元左右。

赤峰地区出售对夹的店家较多，其中以赤峰红山区园林路黄金大厦南侧（哈达街路口）城南对夹（15598556699）、三道街中段红山区地税局东侧城南对夹（0476-8696963 13948465060）最为有名。

辽宁小吃

　　辽宁地处我国东北，是东北三省之一，其小吃以集百家之长而著称。它在东北小吃和满族小吃的基础上，吸收了京、鲁小吃的文化，形成了具有当地特色的小吃。其中较为著名的有李连贵熏肉大饼、马家烧麦、水煎饼等。

　　辽宁小吃多注重甜咸结合，浓淡适中，醇厚不腻，且做法精细，美观大方，可谓是色艺双绝。随着辽宁的发展，其小吃也在中国得到广泛认可，逐渐成为辽宁文化的精髓。

李连贵熏肉大饼

 必尝美味　　熏肉大饼，属于辽宁小吃，是一款风味独特的佳肴。最著名的大饼当属李连贵熏肉大饼，其色泽棕红，滋味浓香，熏肉肥而不腻，瘦而不柴，口感独特，食用时佐以肉酱、葱丝，真是喷香诱人。

　　李连贵熏肉大饼制作精细，味道醇正，曾荣获"中华名小吃"的称号。其在制作时熏肉要先选用新鲜猪肉，再用清水浸泡后切块煮熟，最后放入红糖熏制。饼则是先往面粉中加入肉汤和调料揉成面团，再将面团反复擀平制成。李连贵熏肉大饼还是暖胃消食的保健品，深受广大消费者的青睐。

 必品特色　**饼皮金黄，层层分明，外焦里嫩；熏肉熏味浓香，肥瘦适中，令人回味无穷。**

必享典故

　　李连贵是河北柳庄人，为了躲避饥荒，跑到了四平梨树定居，在此地开了饭馆。其为人忠厚，乐善好施，与镇上的老中医高品之结成好友。后来高品之将中药炖肉的秘方传授给他，几经尝试，李连贵终于制出了让人耳目一新的熏肉大饼。1930年前后，李连贵的熏肉大饼已名满东北。其病故后，由子孙继承家业。1950年，其孙李春生将饼店搬至沈阳，从此成为沈阳的名小吃之一。

 必尝正宗地　以沈阳市和平区中山路4甲1号（胜利北街向东50米）李连贵熏肉大饼店（024-23835111）最为正宗。其次，沈阳市沈阳区正阳街"李连贵熏肉大饼"，皇姑区北行歧山中路和昆山西路等的李连贵熏肉大饼分店的口味也较为正宗。

必荐星级　👍👍👍👍👍

 必知一般价格　1个8~15元。

马家烧麦

马家烧麦是沈阳的名品，属于回民小吃，为辽宁小吃的代表之一。其以营养价值丰富，口感香嫩，外形犹如盛开的牡丹而闻名。作为其主料的牛肉含有丰富的蛋白质，对修复人体组织和提高抗体机能起到一定的作用，也是胃寒气虚的中老年人的保健品。

马家烧麦之所以能受到欢迎，全因其独特的制作。其在制作时要先将剔净筋膜的牛肉剁碎煮烂，加入葱花、姜末和调料等制成肉馅；再用精粉、大米粉等经过特殊工序制成薄皮，最后包制时留一开口，使其形如牡丹。烹饪好的马家烧麦肉味鲜美，开口微张，通体透明，令人望而生涎，食指大动。

其形似牡丹，微裂露陷，表皮柔软筋道，透亮纯净，肉馅醇香味美，鲜嫩多汁。

必享由来

马家烧麦由马春首创成功，距今已有200多年历史。当时马春家境贫寒，无法在集市开店，只能用手推车装上烧麦到集市叫卖。一开始人们抱着尝鲜的心态去购买，但渐渐被其美观的造型、细嫩的口感所吸引。后来其子马广元开设了两间门市，起名为马家烧麦馆，因其生意火爆、远近闻名，所以即使在战乱期间也没倒闭。后几经搬迁，最终落户于小北门里，成为沈阳地区的风味小吃。

必荐星级 ❤❤❤❤❤

必尝正宗地

最为正宗的当属沈阳和平区太原北街北四路12号马家烧麦店（024-83831777 83831555）、和平区民主路"马家烧麦—快客马"等。

必知一般价格

马家烧麦小吃店内1份16~25元，其价格主要依馅料而定。

老边饺子

必尝美味 老边饺子是沈阳地区的风味小吃，历史悠久，口味独特，一直受到人们的青睐。其起源于清朝，以精粉为皮包制而成，做法繁多，有煎、煮、蒸等几十个品种。我国的艺术大师侯宝林曾为它挥笔写下"边家饺子，天下第一"八个大字，可见对其的钟爱。

老边饺子制作精细，选料讲究，至今已有100多年的历史。其采用猪肉做馅，精粉做皮，制作时先将猪肉剁碎煸炒；再利用鸡汤慢喂使其充分吸收汤汁，以便增加鲜味；最后加入应时的蔬菜，制成肉菜结合的馅料。其皮的制作更是精细，先是将熟猪油掺入精粉中搅匀；再用开水烫拌；之后将其擀平制成饺子皮，最后将馅包于皮内制成饺子。

必品特色 其皮薄微韧，肉馅松散，味美鲜香，猪肉中夹杂着鸡汤浓烈的香味，油润不腻，耐人寻味。

必享典故 清朝道光年间，河北灾荒严重，官府不仅对此熟视无睹还苛征纳税，使得民间叫苦连天。河北百姓纷纷往外地逃亡，其中就包括边福老汉。老汉携一家老小逃往东北，在逃亡期间，他们无意中经过一户正在给老太太祝寿的人家，品尝了其寿饺。老汉觉得此饺味美鲜甜，与集市上的水饺相比有过之而无不及，便虚心求教。主人看老汉诚恳老实，便告知他在做馅时要先将肉馅煸炒后再包成饺子。这样的饺子松软不腻。后来他们定居沈阳，老汉在护城河岸边开起了"老边饺子馆"，将所学的煸炒技术加以改进，制成独树一帜的美味。

必荐星级 ★★★★★

必尝正宗地★ 最为正宗的当属沈阳各家老边饺子馆。评价较高的有沈阳市沈阳区中街路208号老边饺子（024-24865369）、大东区滂江街77号老边饺子馆（024-24315666）。

必知一般价格★ 其饺子价格按馅料而定，一般1份15~25元。

辽宁锅贴

辽宁锅贴是大连小吃的一种，因口感鲜美，制作方法独特，名扬天下。随着锅贴在辽宁的普及，渐渐出现了许多不同的品牌，包括王麻子锅贴、天福锅贴和祥和锅贴等，其中尤以王麻子锅贴享誉盛名。

辽宁锅贴以面粉和猪肉作为主料，经过各道工序制成。其做法颇有难度，所以很少有人在家中制作，都是到集市上小吃店内买成品。刚做完的锅贴美味无比，因其经济实惠，成为大连人馈赠亲朋好友的首选礼品。

其造型雅观，上部韧滑，底部黄脆，鲜美爽口，焦嫩相宜。

必享由来

20世纪中期，王树茂在家时无意中创制出锅贴，觉得其口味独特，样式新奇，便拿到集市上贩卖。起初他用手推车制售，因其卖得火爆，便在街市边搭起了小摊。后来其锅贴在辽宁当地名声大振。他便顺势在当地购置了一家小店，起名为王麻子锅贴。自此王麻子锅贴成了辽宁锅贴的象征。

最正宗的锅贴店是大连市恒通大厦内"王麻子锅贴"、沙河口区中山路672号(工行对面) 王麻子海鲜（0411-84690999 81980838）、中山区三八广场附近的"王麻子锅贴"、华北路刘家桥市场的"祥和锅贴"。

小吃店价格是按单个算，王麻子锅贴1个8~15元。

海城馅饼

海城馅饼是沈阳市的传统小吃，其中尤以老山记的海城馅饼最为有名。其以酥美鲜香、皮韧馅滑的特点，受到了不少辽宁人的青睐，也成为沈阳市小吃中的"佼佼者"。

海城馅饼品种繁多，其馅料可分为肉馅和蔬菜馅两大类，肉馅是以猪肉和牛肉作为主料，而蔬菜馅则根据不同季节选择应时的蔬菜作为馅料。还有一些较为高档的馅饼则是采用海参、干贝、鱼翅等作为馅料。其味道鲜甜无比，让人久久不能忘怀。食用时蘸上芥末糊、蒜泥，口感更是独特。要是配上一碗香甜爽口的八宝粥，那真是让人食指大动，望而生涎！

必享由来

海城馅饼至今还不到百年历史，但是在沈阳却名声大噪。这都应归功于其创始人毛青山。1920年毛青山在辽宁海城县创制海城馅饼成功，贩卖后立即受到人们的追捧。他用名字的"山"字，为馅饼店取名为老山记馅饼店。后来其店迁至沈阳，在沈阳落地生根，直至今日。

其外形微圆，皮韧鲜香，馅心嫩爽，浓淡相宜，鲜香四溢。

必荐星级

必尝正宗地

沈阳市和平区南五马路131号（近宜兴街）老山记海城馅饼大酒店（024-23238022）、皇姑区长江街153号百年牛庄海城馅饼店（024-86858949）、海城站前大市场夜市。

必知一般价格

小吃店内的价格都是按馅料而定的。蔬菜馅的比肉馅的便宜，一般蔬菜馅1个10~20元。

双酥月饼

必尝美味

双酥月饼口感酥脆，制作精美，是辽宁的名点小吃。月饼早在唐朝就已出现，随着时间的推移，衍生出许多新奇品种，其中就包括双酥月饼。

双酥月饼其酥皮是以面粉为主料，并采用包酥法制成的。烘制完的双酥月饼，

皮脆馅甜，颜色金黄，极具吸引力。在辽宁，每逢中秋佳节，双酥月饼都成为当地居民的不二之选。其也因馅料咸甜具备，而深受人们的喜爱。

必品特色

其皮酥质脆，层次分明，馅料香滑，糯而不腻，种类繁多。

唐高祖

必享典故

双酥月饼虽是辽宁特产，但作为其前身的月饼却并非辽宁首创。讲起月饼的由来，还应当追溯到唐朝。唐高祖年间，匈奴不断袭击中原，唐朝大将李靖奉命征讨匈奴得胜，恰逢八月十五凯旋。当时有人向高祖皇帝献上一种新饼，以此表示庆贺。高祖皇帝拿起圆饼，将其分成若干份奖励给将士品尝。因其形如圆月，故称月饼。后来月饼在民间开始出现，经过人们的研究和加工，其品种变得丰富多样，双酥月饼也因此得以面世。

必荐星级

必尝正宗地

以沈阳市沈河区正阳街88号（近国美电器）稻香村（024-24841940）的口味最为正宗。沈阳市各大超市皆有销售。

必知一般价格

西饼店中有按斤卖的，也有按个卖的。稻香村的1个4~9元。

水煎饼

水煎饼是外来品种，由我国辽宁省最先流传，因此归于辽宁小吃。其制作简便，易于保存，且口感独特，是辽宁人喜爱的早点之一。早晨起床到小摊上吃上一个水煎饼，再配上一碗香浓甜美的豆浆，真是十分惬意。

水煎饼以面粉为主，掺水拌成面糊，加入鸡蛋和调料搅匀，倒少许熟猪油在烧热的鏊上，抹匀，再将面糊倒在鏊上，摊匀，翻煎，直至两面金黄即可。食用时可根据自己的喜好，蘸上各种酱汁，简单而又不失美味。

其色泽淡黄，内软外脆，质地酥软，味道鲜美。

契丹武士

必享由来

水煎饼是由煎饼演变而来的，也是由契丹族传入内地的。据说，早在1000多年前，契丹人吃煎饼的习俗就传入我国北方。后来人们将契丹煎饼加以改进，制成具有中国特色的煎饼，成为北方传统小吃。之后，辽宁也受此启发，把煎饼加入辽宁小吃的特点，制成现在的水煎饼。

在沈阳市早市小摊和各大美食城等均有销售，口味正宗。

市面上的价格是按个算的，1个5~10元。

吉林小吃

　　吉林小吃既集合了京、鲁、川等小吃的特点，又融合了南北风味，制作精细，口味独特。其中尤以煎粉、豆腐串、打糕、三杖饼等最为著名。

　　同南方小吃相比，吉林小吃更富北国风味。每当夜幕降临，街边小摊便会飘起袅袅青烟，散发出浓浓的香气，让人流连忘返。在寒冷的冬季，站在街边吃着暖暖的小吃，真是一种十足的享受！

打糕

必尝美味 打糕是朝鲜族的传统小吃，因其在吉林最先普及，所以也归为吉林小吃。打糕对于朝鲜族来说是吉祥如意的象征，所以每逢婚宴喜庆、老人寿诞、过年过节时，他们都会在餐桌摆上一盘打糕，以此祈求五谷丰登。

打糕又名米糕，品种多样，黏性强，与年糕、糯米果类似，是四季皆宜的风味小吃。现在已知的打糕品种有朝鲜族打糕、桂花拉糕、薄荷拉糕、赤豆拉糕、枣泥拉糕、韩国松针打糕等。朝鲜族

必享由来 据朝鲜族的历史文献记载，打糕早在18世纪就已存在。当时的打糕称为"引绝饼"，是当地人用来招待客人的食物。后来经过不断的发展，人们觉得引绝饼在制作时最主要的工序就是将糯米打碎使其黏合，故更形象地称其为"打糕"。

人认为让新婚夫妇两人一起做打糕，就能使两人互相理解，更加相爱，所以打糕也成为情侣间互赠的礼物。

 **必品特色** **其糕韧筋道，散发着淡淡的黄豆清香，糯软黏柔，清甜可口。**

 最有名的打糕小店有吉林市河南街珲春街路口的信子饭店、朝族饭店，桂林路的"信子饭店"和东市场的朝族饭店等。

必荐星级 👍👍👍👍

必尝正宗地

 必知一般价格 小吃店内1份10~20元；包装好的成品500克的20~30元；也有品牌好的，价格达到40~50元。

鸡汤豆腐串

鸡汤豆腐串由韩在发首创，属长春特色小吃之一，前身是干豆腐。众所周知，豆腐串营养价值高，味美价廉，人人喜食。鸡汤豆腐串则是在保留豆腐串原有价值的基础上加入了用鸡骨架熬成的浓汤和秘制调料。其豆腐串吸收了鸡汤的精华，一口咬下，浓郁的鸡汤香味配上黄豆的清甜，真是让人食指大动。

在长春街头，贩卖鸡汤豆腐串的商贩随处可见，但最正宗的当属老韩头鸡汤干豆腐串。其采用的豆腐串色泽金黄，味道醇正，做出的鸡汤豆腐串更是风味独特，味道鲜美，百吃不腻。很多外地游客不免千里迢迢赶到长春，只为这一碗老韩头鸡汤干豆腐串，足见其霸主地位。

淡淡的清香混杂着鸡汤的鲜甜，秘制的调料史是让豆腐串味道更上一级，汤浓料足，妙不可言。

最正宗的豆腐串小吃店当属长春市的"老韩头豆腐串"（清真），有多家分店，以宽城区长新街扶贫市场满克隆超市2楼老韩头豆腐串店（0431-87953688）为好，其次是吉林市松江二厅的"鸡汤豆腐串"。

小吃店内1串2~4元，1份8~15元。

必享典故

美味的鸡汤豆腐串之所以能被人们熟知，还应当归功于韩再发。某日，韩再发在餐馆中发现，东北人外出都会带上干豆腐串作为粮食，但基本上大家都是蘸上大酱就直接食用。韩再发觉得干豆腐是必备食物，但在东北没流行起来，只因做法不够完善。要是将干豆腐穿成串，用鸡汤煮上，让豆腐充分吸收鸡汤的精华，最后再配上调料，一定能让其声名远播。回家后他便将想法告知老伴，老伴得知后也支持韩再发尝试。最后他终于做出了汤浓味美的鸡汤豆腐串。此豆腐串一经推出，便受到人们的热捧。

长春蹄花丝

必尝美味

　　作为长春特色小吃之一的长春蹄花丝，色泽暗红透明，肥而不腻，是佐酒的必备小吃。早在20世纪初长春蹄花丝就已出现，之后经过推广逐渐被吉林当地居民所熟知和喜爱，成为闻名国内的吉林省特色小吃。

　　长春蹄花丝之所以如此受欢迎，还应当归功于它独特的做法。其选料独特，主要以猪皮、猪唇和猪耳为主料，制作时先将主料用清水浸泡洗净，放入秘制卤汤中煮至八成熟；再将煮好的主料按耳、唇在内，皮在外的顺序用布包成若干个圆柱体，用绳子绑紧；接着将包好的主料再次和卤汤熬煮；最后将其去布晾凉，上桌时切成细丝，淋上辣子油或小磨麻油即可。

必品特色

　　花丝透明暗红，入口即化，清爽不腻，配上辣椒油，在辣味中慢慢渗出卤汤的香味，妙不可言。

必享由来

　　相传，长春蹄花丝是一位名叫刘春福的官厨所创。他当时是开封巡抚衙门的厨师，在苦心钻研下，创制了这道小吃。但因刘春福是官厨，所以此小吃并没在民间流传。直至20世纪初，有人在南阳开设了一家名为长春轩卤肉馆的饭店并引入了长春蹄花丝，其才得以出现在民间，并开始被人们熟知，成为声名显赫的吉林省特色小吃。

必荐星级 👍👍👍👍👍

必尝正宗地 ★

　　以吉林市红旗街长春饭都餐饮最为正宗；吉林市各大餐馆也有此美味。

必知一般价格 ★

　　在餐馆内，1份15~25元。

筱筱火勺

必尝美味

筱筱火勺是极具吉林特色的传统小吃，又名"叉子火勺"。因其制作简便，原料可就地取材，所以在吉林省流传甚广，不仅是宴席上的点缀，更是早餐的佳品。一个火勺加上一碗豆腐脑，几个朋友围在桌旁，在品尝美味的同时畅谈着生活的点滴，这便是吉林人的生活风貌。

筱筱火勺用料讲究，以细嫩的牛肉当主料，配以大葱、香油和鲜姜等制成肉馅，再用面粉加水揉成面团，接着将面团分成若干份擀平做皮，最后用皮将肉馅包好，放入锅内煎熟即可食用。

刚出锅的火勺香味扑鼻，外焦里嫩，让人垂涎欲滴。

必品特色

其色泽金黄，香酥可口，肉汁渗入皮内，肥而不腻，让人回味。

必荐星级

必尝正宗地

吉林市红旗街亚细亚小吃城，以及各大早市或街边都销售正宗的筱筱火勺。

必知一般价格

在早市和小摊一般是按个卖的，1个4~8元。

吉林雾凇

必享由来

虽说筱筱火勺在吉林颇具名气，但其历史由来却鲜为人知。民间有种说法，他们认为火勺是由一位回民创造的。这位回民本是街边小贩，后因缘巧合创作出了火勺。此后，火勺便在民间流传开来。某日，有人将其加以改造，用特制的牛肉馅料包入其中，便有了筱筱火勺。

三杖饼

三杖饼又称三杖单饼或单饼，因制作时只需擀三杖而得名。其因质地柔韧，薄如细纸，便于用来卷食蔬菜和肉类，故在民间极受推崇。

三杖饼是用面粉作为主料加入熟猪油烙制而成，制作工艺颇具难度，所以并未得到很好的推广，一般只有到专门的店才能吃到。虽然三杖饼从北宋年间就初具规模，但一直未被广泛认知，直到其获得第二届全国烹饪大赛金奖后才真正得到普及。

饼薄如纸，颜色金黄，酥脆柔韧，口感香软，卷上蔬菜和肉，味道更加独特。

宋徽宗

必享典故

相传，北宋年间，徽宗钦宗二帝被掳。金人将二人关押在五国城内的四合院中。那里没有什么山珍海味，他们只能依靠筋饼充饥。之后该饼被称为三杖饼。后来经过人们的改良，变成了现在以皮薄如纸著称的三杖饼，成为饼中之王，广泛流传于全国。

以吉林市的华泰美食城、市中心早市等的口味最为正宗。

市面上一般按个或按斤卖，1个3~7元。

黑龙江小吃

　　黑龙江位于东北，有着俄罗斯及满族的饮食文化，且当地人多为山东人的后代，所以也保留了一部分齐鲁文化。黑龙江小吃融合多种文化，独具特色，以黏豆包、哈尔滨红肠、烤冷面享誉全国。

　　黑龙江小吃并无过多约束，不会刻意营造一种独特的口味，体现了东北人不拘泥于成规俗套，简单随性的性格。

哈尔滨红肠

必尝美味 哈尔滨红肠原产于立陶宛，20世纪初被引进哈尔滨后风靡黑龙江，成为黑龙江著名小吃和特产之一。红肠是哈尔滨的代表，其做法精细，色泽红亮，味美质干，是人们探访亲朋好友时必不可少的礼品，也是餐桌上一道美味的小吃。

哈尔滨红肠又名里道斯和灌肠，采用优质猪肉、淀粉和猪肠等材料经过多道程序加工而成。其吃法尤其简单，可直接食用，也可做成菜肴。现在的哈尔滨红肠分为3大种类，即哈尔滨商委红肠、哈尔滨大众肉联红肠和哈尔滨秋林红肠。

必享由来

哈尔滨红肠起初在中国并不存在，原产地是立陶宛，被当地人称为里道斯。1989年中东铁路开通，俄罗斯和哈尔滨于是有了连接的桥梁。俄罗斯居民进入哈尔滨后，逐渐带来了大量的肉灌制品，其中也包括里道斯。因其色泽暗红，故称红肠。后来经过多年的传承，哈尔滨人在保留原配方的基础上，又加入了独具东北的风味。改良后的红肠，其口碑和销量都远远超过了立陶宛的红肠，成为哈尔滨的代表，故被称为哈尔滨红肠。

必品特色 其色泽暗红，表面微皱，香辣糯嫩，内里干燥，鲜美可口，烟熏味浓。

**必荐星级** ★★★★

必尝正宗地 哈尔滨市道外区道外红旗大街514号（黑龙江工程学院对面）商委红肠（0451-57683595），南岗区秋林商店和哈尔滨市各大超市有售。

必知一般价格 市面上500克的18~25元。

鸡西冷面

鸡西冷面是鸡西市的特色小吃之一，也是当地的"市吃"，由朝鲜族首创。因经济实惠，味道鲜辣，而在鸡西普及。在鸡西，夏天吃冷面已成当地人的习惯，很多离乡的孩子，在外也经常思念家乡的冷面。20多年前，精明的鸡西人通过电视媒体曝光了评选"冷面王子"的活动，让鸡西冷面从此声名大噪。

传统的鸡西冷面主料仅限于小麦面和荞麦面，制作时先将面条煮熟后用冷水浸泡，稍等片刻后将冷水倒去；再加上辣椒、酱醋、泡菜和牛肉片等佐料；最后淋上牛肉汤便可上桌。刚做完的冷面面细筋滑，配上一碗冰镇冷面汤，真是让人垂涎三尺，回味无穷。

鸡西冷面柔韧耐嚼，凉爽润喉，在辣味中那微甜的感觉足以让你食欲大增，越吃越爱。

必尝正宗地★
以鸡西市兴国中路100号（近五交化大楼）"超级冷面"、鸡冠区兴国中路锦玉大冷面、鸡冠区鸡西大冷面的口味最为正宗。

必知一般价格★
超级冷面1份8~15元，其他小吃店价格相仿，小吃摊1份6~12元。

朝鲜族长鼓舞

必享由来

据民间传说，朝鲜族在正月初四中午有吃面的传统。这一天，朝鲜族家家户户都会在中午之前做好面条。但由于当地冬天气候异常寒冷，食物冷却速度极快，到了中午所有面条都成了名副其实的"冷面"。后来人们经过改良，融入了东北地区的饮食文化，制成了现在享誉盛名的鸡西冷面。

必荐星级

黏豆包

必尝美味 黏豆包是东北十大怪之一，主产地是黑龙江，因此被列为黑龙江小吃。黑龙江有句人尽皆知的俗语："别拿豆包不当干粮。"这里面的豆包指的便是黏豆包，可见豆包在当地有着重要的地位。

早期的黏豆包是用玉米粉做成的，但为了保证蒸的时候不会塌掉，制作时必须加上没有黏性的米粉。做好的黏豆包可直接食用，也可蘸上白糖吃。但是，最富有创新精神的吃法，当属油煎了。先将蒸好的黏豆包拍成圆饼，再用油煎炸。煎完的黏豆包酥黏香脆，十分诱人。

必品特色 其色泽中黄，黏而不腻，甜度适中，嚼劲十足。

必享由来

传说，因黏性的食品耐存顶饱，适合满族人外出打猎时食用，所以深得满族人偏爱。某日，人们发现用玉米粉做成的包子极富黏性，便开始用其做包子。一些满族人觉得这样的包子口感过于单调，便将芸豆煮熟捣烂并加入白糖做成馅，包在里面。这便是黏豆包的前身。后来，几经改良，黏豆包才成为今天黏而不塌的包子。

必荐星级

必尝正宗地 最正宗的黏豆包店当属黑龙江海林市雪村的小店了。其次是黑龙江乡下农家的小店。

必知一般价格 小摊上一个1~5元，真空包装500克的10~20元。

玫瑰酥饼

玫瑰酥饼是牡丹江市的著名小吃，因其由玫瑰做馅故得名。民间传说，将其馈赠给爱人，两人便能感情和睦，因此它也成为七夕节炙手可热的礼品之一。随着玫瑰酥饼的发展，很多西饼店开始将其包装贩卖。时至今日，就连稻香村也出现了它的身影。

玫瑰酥饼是用面粉、玫瑰酱、白糖等烘制而成，制作时先用面粉、水、豆油制成水油面团；再用面粉、油制成油酥面团；接着将水油面团压平切块并将油酥面团置于上方压平；最后包入玫瑰馅料，烤至金黄即可。玫瑰酥饼还具有美容养颜的功效，是许多女性钟爱的饭后点心。

必享典故

据传说，程咬金有一次卖烧饼剩下很多，便将其放在火炉旁边烘烤。没想到第二天醒来发现，烧饼已被烤得油润酥脆，更受人们欢迎。程咬金便将此饼命名为酥饼。后来，此饼传入黑龙江，人们在原有基础上，加上玫瑰酱料，制成了现在的玫瑰酥饼。

其制作精美，甜香酥脆，花香气浓，一口咬下，淡淡的玫瑰花香在口中散开，让人心驰神醉。

牡丹江市西安区西四条路长安街好利来蛋糕店（0453-6419308）、牡丹江市图书馆太平路62-B的好利来蛋糕店（0453-6221918）、牡丹江市雪乡的小店都有销售，味道较为正宗。

餐馆价格是按份算，1份18~25元；其他的西饼店和小摊多数按斤算，1斤12~20元。

烤冷面

必尝美味

烤冷面源于黑龙江，是极具地方特色的小吃之一。传统的烤冷面包括油炸、炭烤和铁板烤3种制作方式。但近几年，由于物价上涨，油炸和炭烤的方式已逐渐淡出市场，铁板烤冷面成为主流。

密山北大荒纪念碑

用铁板制作烤冷面时，先将面置于铁板上并刷油；再把刷完油的那面翻转朝下放置，在无油那面打蛋摊平；然后反复翻转，直至鸡蛋煎熟；接着将无鸡蛋那面刷酱并撒上芝麻、白糖和香菜等；最后将其包好，铲平便可食用。很多当地居民食用时还会加入辣椒酱，让辣味和甜味混杂一起，更具特色。

必享典故

关于烤冷面的发源地，在民间有两种主要的说法。一种是说其发源于密山市，而另一种则说其发源于牡丹江市。但最常被人们提到的还是密山市的说法。相传，在密山市有位贩卖小吃的朝鲜族男子，某日他在密山市第二中学后门发明了烤冷面。但是由于他用的冷面只是市面上普通的冷面，不够柔软，所以并未流传开来。后来经过人们研究，制成软薄的冷面，烤冷面才得以普及。

必品特色

其鲜辣醇香，酱香扑鼻，筋道耐嚼，松软可口。

必荐星级 👍👍👍👍

必尝正宗地

以密山市二中附近彪哥烤冷面最为正宗；其次在哈尔滨街市小摊、密山市兴亚步行街也能品尝到此美味。

必知一般价格

小吃店内1份5~10元，小摊较为便宜，1份2~6元。

上海小吃

上海小吃历史悠久，在南宋时就有相关记载。小吃类繁多，制作方式也各式各样，有蒸、煮、炸、烙。其选料严谨，制作精细，兼具南北风味，以清淡、鲜美、可口著称。上海的街头小吃更是应节适令，因时更变，供应方便灵活。

蟹壳黄

必尝美味 蟹壳黄是上海最具特色的点心之一，创始于20世纪20年代初。因其饼色与形状酷似煮熟的蟹壳而得名。由于此饼制作时还需放入特制的烤炉中，贴于壁炉直到烤熟，因此又称"火炉饼"。

蟹壳黄是用油酥加酵面作坯（要用熬炼七八成熟的菜籽油炒油酥面），先制成扁圆形小饼，外面撒一层白芝麻，然后贴在烘炉壁上烘烤而成（注意烘烤时要把握好时间和火候）。馅心分为甜、咸两种，甜味的有枣泥、白糖、豆沙等，咸味的有虾仁、葱油、蟹粉等，口味各具特色，让人流连忘返。

必品特色 蟹壳黄色泽金黄，皮酥香脆，咸甜适口，油而不腻，不仅可当做平时的小点心，还适合旅途食用。

朱元璋

必享典故

相传1357年朱元璋率大军在徽州作战，兵败后被敌人追杀，躲在农户家中避难。他饥饿难忍时吃到了当地的烧饼，赞叹不已。后来朱元璋做了皇帝，称此饼救驾有功，送赐此饼徽州救驾贡饼字号。

"三个蟹壳黄，两碗绿豆粥，吃到肚子里，同享无量福。"这是人民教育家陶行知先生为赞美家乡的小烧饼而作的诗。此诗充满浓厚的乡土气息，体现了徽州人悠闲自得的生活状态。

必荐星级 👍👍👍👍👍

必尝正宗地★ 以上海静安区延平路255号（近康定路）吴苑饼家（021-62565556）、浙江中路462号萝春阁烹制的蟹壳黄最为著名。此外，湖滨美食楼、王宝和酒家、实惠点心店的味道也很不错。

必知一般价格★ 在各小吃街一般1~3元一只。

排骨年糕

排骨年糕是上海著名的特色小吃，已有50多年的历史，经济实惠，风味独特。其品种多样，以水磨年糕为最佳。它以排骨和年糕为两大主料，不仅搭配具有特色，还含有丰富的营养价值，对人体很有益。

制作排骨时要用刀背将其肉拍松，将其边上的白筋切断；然后把

排骨放入调拌好的调料中腌制20分钟左右，再倒入地瓜粉；最后将排骨均匀地裹上一层粉浆后放入油中炸，直至酥黄时方可捞出。制作年糕时要先将调味料全部放入锅中烧开，再放入年糕，然后改为小火一同煮10分钟。待到年糕熟软时即可盛出。最后把制作好的排骨和年糕盛到一个盘子中，一道美味的排骨年糕就大功告成了。

排骨年糕既有排骨的肥嫩鲜香，又有年糕的软糯酥脆，二者相结合，味道美妙独特且香而不腻。

必享典故

清朝光绪年间，有些梁湖人在绍兴开店卖年糕。那时的年糕是用燥粉加水用手捏制而成的，做法比较粗糙，质量不好，既易开裂，口感又欠佳。陈培基是梁湖的一个农民，他的优点是善于观察与思考。一次，他经过豆腐店时发现里面的豆腐又细又嫩，于是灵机一动，回家后便模仿豆腐的制作方法制成了水磨年糕。改造后的水磨年糕不仅质量好，口感也不错。自此来他店里吃年糕的顾客络绎不绝，其生意也越来越红火。

👍👍👍👍👍

一般人均消费在15~20元。

现在上海有许多餐馆都卖排骨年糕，但最著名的还属"鲜得来"和"小常州"这两家店。鲜得来排骨年糕店在黄浦区云南南路46号（近宁海东路021-63261284 63366108）、卢湾区雁荡路9号（021-63868377）。小常州店在浦东新区东昌路185-187号。

生煎馒头

 必尝美味

生煎馒头已有上百年的历史，算得上是土生土长的上海点心。上海称馒头为包子，故生煎馒头实际上也就是生煎包子。其馅心最先以鲜猪肉加皮冻为主，后来又增加了鸡肉、虾仁等多种馅心品种，使其口味变得更加丰富。

生煎馒头的制成约有四大步骤：制馅、制皮、合成和煎制。制作这道小吃时要用半发酵的面皮包馅，包好后把馒头排放在平底锅内油煎。尤其值得注意的是，在煎制过程中要不断地淋凉水（这样可以使口感更好），直至馒头底面变得黄、硬、脆才可。最后再洒上一些葱花和芝麻就大功告成了。记得生煎馒头要趁热吃，这样口感最佳。

 必品特色

生煎馒头底酥、皮薄、肉香，咀嚼时混杂着芝麻和香葱的味道，令人回味无穷。

 诸葛亮

必享典故

据说包子起源于三国。相传三国时期，诸葛亮带领军队与南蛮作战。由于其对蛮将孟获七擒七纵，终使其臣服。当军队准备凯旋回朝过江时，天气变得愈加恶劣，狂风大作，惊涛拍岸，使得他们根本无法通过。后来他召来孟获问其原因，孟获解释说："两军打仗时，战死了许多人，他们无法回到故乡，也无法再与家人团聚，因此就在海上兴风作浪，阻挠其他士兵回家。大家若想安全渡江，就要带来49个南蛮人的头去祭奠他们。"诸葛亮不想乱杀无辜，于是想出一条妙计，打算用其他的东西来代替人头。他命令厨师以米面为皮，以黑牛肉和白羊肉为馅，捏造出了49个人头，之后又准备了一些酒，一并带上去祭拜那些战死的士兵。从此便有了"馒头"（是由"蛮头"演变而来）一说。

 必荐星级

 必尝正宗地

以浦东新区金杨路635号（近枣庄路）的大富贵酒楼（021-50719685）、虹口区临平北路55号的香得来馒头店、静安区长宁路63号的东泰祥生煎馒头馆、黄浦区重庆北路188号（近大沽路）的东泰祥生煎馒头馆（021-63595808）最为正宗。

 必知一般价格

一般1元左右一个或2.5元左右一两。

南翔小笼包

 南翔小笼包是上海市嘉定县南翔镇传统名小吃，已有百年历史。2002年11月获得"中国名点"称号；2006年获得"上海名点"称号。

其馅心是用猪夹心肉剁成肉末，然后放入适量的盐、糖、酱油、水调制而成。皮是用不发酵的精面粉做成。馒头包好后放入小笼屉用大火蒸10分钟即可。吃时，可以先在小笼的底部咬个洞，然后吸吮汁水，之后再把小笼包放入嘴里细细品尝；如果再配上姜丝、醋、蛋丝汤，其味道更佳。

 南翔小笼包晶莹剔透，小巧玲珑，吸吮上一口汁水满嘴鲜香，咬上一口回味无穷。

 必荐星级 👍👍👍👍👍

 必尝正宗地 以嘉定区南翔镇沪宜公路218号古猗园南大门的古猗园餐厅（021-59121335 59126013）、普陀区杏山路596-598号（桂巷路口）上味馆南翔小笼、黄浦区方浜中路249号（安仁街旧校场路间）城隍庙南翔小笼的最为正宗。

 必知一般价格 馅心不同，价格也不一样，每个大约2~4元。

小吃王国·南翔小笼

必享典故

相传同治十年（1871年），南翔镇上的老板黄明贤每天都到古猗园去卖大馒头。由于馒头的味道好，经常受到顾客夸赞。后来许多同行的人都来抢生意，这使黄贤明十分苦恼。经过思考，他开始对大馒头进行改良。他把大馒头的皮变薄，馅增多，而且将其体积也变小。他做馒头馅时不但不用味精，还把鸡汤煮肉皮制成冻后拌入，再撒一些芝麻。因此蒸熟的小笼晶莹剔透，味道鲜香，十分受顾客欢迎。后来去上海旅游的南翔人邀请黄贤明到那边去开小笼馒头店。这样，南翔小笼包逐渐被大众所熟知且至今盛名不衰。

糟田螺

 必尝·美味

糟田螺是上海著名的风味小吃，是用安徽屯溪产的龙眼田螺加工制作而成，肉质滑嫩、厚实，不仅味道鲜美而且具有丰富的营养价值。田螺肉含有铁、钙、蛋白质、维生素A，可以清热去火、抑制狐臭。但须注意，尽量避免与冰、柿子、蚕豆、面、黑木耳、糖、蛤等同吃，以免引起身体不适。

糟田螺的做法不难。先将田螺清洗干净后放入水中养上两天，等待吐尽泥沙便可剪去尾壳；在锅中倒入油烧至七成熟时，放进葱、姜，煸出香味，然后放入田螺翻炒；最后加入适量的黄酒、酱油、茴香、桂皮、白糖、味精，用旺火焖上10分钟，再加入适量的香糟，浇上少许猪油便可。注意，田螺肉比较嫩，所以在烧制时一定要把握好火候。

 必品·特色

糟制好的田螺呈灰褐色，肉质滑嫩，卤汁鲜美，口口留香，以清明节或中秋节时品尝最佳。

上海城隍庙老街

必享典故

相传有一位单身汉在田里捡到了一只田螺，就把它带回家养在水缸里。时间过得很快，转眼三年过去了。这一天小伙子像往常一样去田里干活，但是当他傍晚回到家时却发现桌子上摆满了各种美味的饭菜。由于好奇，他打算一探究竟。第二天他偷偷地躲在屋外观察。晚上时，他发现屋里有一位漂亮的姑娘在帮他做饭，于是就闯了进去。进屋后他看到自己养在水缸里的田螺只剩下了空壳，便猜出姑娘是由田螺变成的。姑娘告诉他前世的单身汉曾救过她性命，今世又养了她三年，所以要来报恩。单身汉听后十分感动。

后来单身汉与这位田螺姑娘结了婚并且生下一对儿女。从此他们恩恩爱爱，过着幸福的生活。

 必荐星级 ★

👍👍👍

 必尝正宗地 ★

 必知一般价格 ★

一般每份十几元。

以黄浦区福佑路238号豫园内老城隍庙小吃广场（021-63557878）、徐汇区柳州路584号（近宜山路）"三林塘"饭店（021-64363047）最为正宗。

小绍兴鸡粥

小绍兴鸡粥是上海地道的风味小吃，堪称天下第一美味。由于此店是由绍兴人创办，故名。

小绍兴鸡粥是以三黄鸡和白粳米为主料，先把鸡汁原汤加白粳米煮成粥，然后配上鸡肉以及盐、葱、姜、蒜、酱油、白糖、味精、香油这些作料。此粥特别适合早餐和晚餐食用，不仅味道鲜香而且营养丰富。

鸡粥鲜香入味，颜色令人赏心悦目，使人食欲大增；鸡肉滑嫩爽口，色泽光亮，令人回味无穷。

必享典故

小绍兴鸡粥店由章润牛、章如花两兄妹创办。据说其名是由顾客喊出来的。1940年春，兄妹俩跟随父亲从浙江绍兴逃荒到了上海。他们先是批发了一些生鸡头、鸡翅、鸭脚，加工后走街串巷地叫卖。后摆了一个摊头，主要卖馄饨、面条等。但生意不好。最后他们就把摊位改成粥摊，可生意仍不见好转。

有一次兄妹二人突然想到了小时候听过的一个传说。据说曾向清代仁宗皇帝进贡的鸡就是绍兴产的越鸡。那时绍兴有几家农户每年都养许多鸡，且每天都要把鸡放到山上去觅食。长大后的鸡肉很肥嫩，烧好后味道也特别鲜美。皇帝品尝了以后就特别喜爱，于是让他们每年都向皇宫进贡这种鸡。章润牛就是受到这个传说的启发，开始选用老百姓放养的鸡作粥的原料。从这以后，其生意红火起来。由于章润牛说一口绍兴音，个子又比较矮小，因此顾客就喊他"小绍兴"。小绍兴鸡粥店与小绍兴鸡粥也就因此而得名了。

必荐星级

必尝正宗地

必知一般价格

2元钱左右一碗。

以上海的小绍兴鸡粥店最为正宗。其分店很多，有黄浦区云南南路69-75号（近宁海东路）小绍兴（021-63260845 63203562），宝山区牡丹江路1795号（近盘古路）店（021-56692277），闸北区共和新路1968号大宁国际商业广场6栋3楼（近大宁路）店（021-33871778 33870227）等。

三鲜大馄饨

三鲜大馄饨是上海有名的特色小吃。其制作方法比较简单，把洗净的鱼肉、虾仁、猪肉和葱末一起剁碎放入盆中；再加入盐、料酒、香油、胡椒粉、蛋清、水淀粉等调料，并将它们搅拌均匀制成馅料；然后用馄饨皮包入馅料，将其放入煮沸的高汤锅中，煮熟便可。

必品特色 皮薄馅大、鲜香味美。

西施浣纱

必享典故

相传春秋战国时期，吴王夫差打败越国并俘虏了越王勾践，不仅得到许多金银珠宝，还得到了大美人西施。从此他不问国事，一直沉湎于酒色歌舞之中。冬至节来临的时候，百官像往常一样都来朝拜吴王。宴会上吃惯山珍海味的吴王很不高兴，于是放下筷子不再吃任何东西。西施看到这一情况后便亲自下厨，又和面又擀皮，想要为吴王做出一道新式的食物。她思考片刻后便使用擀好的皮子包出了一种与众不同的点心，将其煮熟后捞进碗里，然后加上鲜汤，再撒上葱、蒜等调味品，做好之后献给了吴王。吴王品尝后觉得十分美味，一口气就吃了一大碗。他问西施此种点心是什么。西施暗想：这个无道的昏君，只管饮酒作乐，不理朝政，真是混沌不开，便顺口应道："混沌。"从此之后这种叫"混沌"的点心就流入了民间并且深受大家喜爱。吴越人家还将其定为冬至节的应景美食。

必尝正宗地 以虹口区山阴路123号上海的万寿斋最为正宗。

必荐星级 👍👍👍👍

必知一般价格 7元左右一碗。

白斩三黄鸡

白斩三黄鸡是上海著名的一道风味小吃，由于味道鲜美、独特而备受青睐。其做法比较讲究，须用白水煮三黄鸡，而且火候要把握得当，刚刚熟的状态为最佳，时间一长会使鸡肉口感变老。煮熟后要等到鸡肉和鸡

汤一同冷却后才可将鸡取出。准备调料时，先将生抽和糖搅拌均匀，然后加入葱末和姜末，最后放几滴麻油即可。

皮薄肉嫩，骨细而脆，滑而不腻，味道鲜爽。

明太祖朱元璋

必享典故

相传明朝开国皇帝朱元璋攻打京城胜利后，天天吃美味佳肴。但是时间一久他对那些饭菜就腻了。一次，国师刘基为皇帝献上一盘鸡肉，朱元璋吃后赞不绝口。后来国师告诉皇帝，此鸡产于浙江的仙居，因为黄冠、黄羽、黄喙，体小肉嫩、营养丰富，其外形又像元宝，故名"元宝鸡"。朱元璋听后笑道：好一个"黄冠、黄羽、黄喙"，于是为此鸡赐名为"三黄鸡"。从此"三黄鸡"名扬天下，也成了朝廷必备食物之一。

皇帝喜欢"三黄鸡"这件事不仅流传于民间，据说《辞海》中也有过记载。"三黄鸡"在国家农业部权威典籍《中国家禽志》一书中排名也是居于首位。

必荐星级　👍👍👍👍

必尝正宗地

以黄浦区云南南路69~75号的小绍兴店、虹口区溧阳路1400号的振鼎鸡店、浦东新区昌里路360号的小浦东鸡粥店最为正宗。

必知一般价格

大约28元/半只。

擂沙圆

擂沙圆是上海乔家栅点心店的风味小吃，已有70多年的历史。在煮熟后的各式汤团上滚上一层干豆沙粉而成。这样既有汤团的美味，又有干豆的清香，别具一番风味。

制作擂沙圆时，先将赤豆煮烂并磨成细粉，在烈日下晒上两三天（也可用烘箱烤干），等水分完全蒸发后使其冷却；然后将其用微火炒30分钟，取出磨细并用17眼罗筛一下，把粗粒再磨，直至磨成棕黄色擂沙粉（注意擂沙粉最好现炒现用，搁置久了香味会散失）；最后将煮熟的汤团沥去汤，外表滚上一层擂沙粉就大功告成了。

擂沙圆的馅心多种多样，有鲜肉、豆沙、芝麻等，口味各异。其色、香、味俱全，软糯爽口，方便携带，一直深受游客的欢迎。

必享典故

相传清朝末年，一位姓雷的老太太在上海城内开了一个汤团店。为了方便顾客把汤团带回家吃，她想尽办法，最终找到了窍门：把煮熟的汤团捞起后裹上一层炒熟的赤豆粉，这样汤团就没有汤，携带起来也更加方便，故而取名"雷沙团"。当上海乔家食府创设后，就大量生产这种小吃。后来其制作方法得到改进，味道也变得更加可口，遂将"雷沙圆"改为了"擂沙圆"。

以上海乔家栅点心店的最为正宗。该店分店很多，有浦东新区昌里路250号乔家栅、黄浦区中华路1341号文庙路口乔家栅、杨浦区江浦路1300号乔家栅、黄浦区大兴街乔家栅等。

必荐星级

必尝正宗地 ★

必知一般价格 ★ 一般每份不到10元。

油墩子

油墩子是上海的街头小吃，是一种油炸食品。其制作方法比较简单，将调好的面糊倒入圆形铁勺中少许，然后加入葱花和咸萝卜丝，再将面糊放入油锅中炸。注意在炸油墩子时油温不宜过高，否则它的颜色会变黑。待到其炸熟后便可享用。

炸好的油墩子色泽金黄，香脆入味，油而不腻。

必享由来

油墩子最早可追溯到潮州一种叫做"猪脚圈"的小食。其中含有的白萝卜、河虾都具有丰富的营养。但注意萝卜偏寒凉，因此脾虚者要慎食或少食，慢性胃炎、胃溃疡、先兆流产等患者要忌吃。

必荐星级 👍👍👍

必尝正宗地

普陀区华阴路（近224终点站）的油墩子小摊，味道最佳。闵行区召稼楼古镇兴东街江汉小店（召稼楼油墩子）也售油墩子。

必知一般价格 1.5元左右一个。

鸽蛋圆子

鸽蛋圆子是上海市桂花厅独家经营的特色甜品小吃。其主要以糯米和白芝麻为原料。制作面团时，为了使其有韧性，既要将圆子投入沸水中煮，又要投入冷水中浸。包好鸽蛋圆子后，将其放入沸水锅内用大火烧并用铁勺轻轻搅动，待圆子浮上来后再煮一分钟，直至圆子表面有光泽时方可捞出。最后将炒熟的白芝麻碾成粉末，将冷却的圆子蘸上芝麻就大功告成。此菜不仅营养丰富，而且具有健脾养胃、补中益气、明目补血、抗衰老等功效。

形似鸽蛋，十分小巧，糯米润滑，香甜清凉。

上海豫园

必享典故

王友发是鸽蛋圆子的创始人。他之前是甜食商贩，主要做花生糖、糖山楂、枣子糖等食品，生意还算不错。但是每到夏日高温，糖品易融化，这时就难卖了。王友发冥思苦想，终于想用清凉的原料去制作的办法。他用糯米作皮，薄荷、砂糖作馅心，经过反复试验，终于成功地制成了这种点心。

为了保持食品的新鲜，夫妻二人起早贪黑到城隍庙的茶楼、书场等地叫卖出售。由于是在炎热的夏日，所以这种清凉祛暑的圆子很受欢迎。

新中国成立以后，茶楼、书场都相继停业了，王友发便到一家糕团店做活。此时正是餐饮业复苏的时候。业内人士想到了他的一手绝技，就把他请来重操旧业，使鸽蛋圆子的制作技艺保留至今。

必荐星级 👍👍👍👍

必尝正宗地　现由豫园路110号桂花厅点心店（021-63739458）独家经营，味道正宗。

必知一般价格　每份16元。

江苏小吃

　　江苏小吃历史悠久、品种繁多。其特有的风味散发出当地浓郁的生活气息，精致的造型映射了中华绝伦的烹饪技巧，古色古香的风姿展示了五千年的华夏文明。

　　江苏名点咸甜皆备、有荤有素，尤以金陵小吃秦淮八绝、苏式糕点糖果著称。其千层油糕、三丁包子、刀鱼卤面等百年名品亦不可错过。

状元豆

状元豆又名五香豆，是南京夫子庙特色小吃之一。制作状元豆时先将黄豆与八角同煮，后加入红曲米、五香粉、红枣等料，待其收完汁即可。

状元豆色泽呈紫檀色，富有弹性，味道咸香软嫩，甜味爽口。

必享典故

相传乾隆年间城南金沙井旁小巷内有一学子秦大士。其家境清苦，每日苦读到深夜。秦大士的母亲用黄豆、红枣、红曲米制成小吃，勉励他勤奋读书，将来考取状元。后来秦大士不负老母所望，果真摘得状元头冠。人们将其母制的豆食称为"状元豆"。一些小贩开始在夫子庙贡院附近摆摊叫卖，吆喝说："吃了状元豆，好中状元郎。"

必荐星级 ★★★★★

必尝正宗地 ★

售卖状元豆最为出名的是南京市秦淮区贡院西街12号的奇芳阁（近夫子庙025-86623159 86626234转）。

必知一般价格 ★

每斤15~30元。

鸭血粉丝汤

必尝美味 　　鸭血粉丝汤是南京风味小吃，一款真正的健康食品。其由鸭血、鸭胗等配以鸭汤和粉丝制成，脂肪含量低，适合老年人食用。

必品特色 　　**喝一口爽口的鸭血粉丝汤汤汁，吸几根滑嫩的粉丝，咬一块鲜香的鸭血，让人无不感叹世间竟有如此美味。**

必享典故

　　相传，鸭血粉丝汤最早由镇江落第秀才梅茗所创，但也有人认为其正宗来源地为南京。因为南京的鸭血粉丝汤多用鸭血，且选料精细，而镇江的鸭血粉丝汤多用鹅血。晚清《申报》第一任主编蒋芷湘曾题诗称赞鸭血粉丝汤的美味："镇江梅翁善饮食，紫砂万两煮银丝。玉带千条绕翠落，汤白中秋月见娥。布衣书生饕餮客，浮生为食不为诗。欲赞茗翁神仙手，春江水暖鸭鲜知。"

必荐星级

必尝正宗地★ 　　鸭血粉丝汤店遍布南京，最有名的是秦淮区瞻园路42号回味鸭血粉丝店（025-52211360），有多家分店。另有白下区丰富路134-4号（中央大酒店旁）鸭得堡老鸭汤鸭血粉丝（025-84204820）。

必知一般价格★ 　　每碗10元左右。

活珠子

　　活珠子是南京男女老少皆爱的小吃。所谓"活珠子"，就是经孵化未发育成小鸡的鸡蛋。其以味道绝、营养绝而出名，被誉为"天然真空包装物"，是难得的绿色食物。

　　品尝活珠子时将鸡蛋中空顶头敲破，轻咂吸汁，不用加任何佐料，味道香滑鲜美。

必尝由来

　　活珠子在清朝年间已经在苏北乡村流行。它是治疗眩晕的偏方，有健脾胃功效。李时珍在《本草纲目》中记载："鸡胚蛋有治头痛、偏头痛、头风病及四肢风瘴之功能。"可见很早之前人们便开始将活珠子当做珍品食物。

必荐星级　★★★★★

必尝正宗地★

　　以南京六合牌的活珠子最为出名，全国商场大都有售。

必知一般价格★

　　每个1.5元左右。

蟹黄汤包

蟹黄汤包是江南传统美食，被誉为"中国五大名点"之一，以镇江、扬州、泰州等地的最为出名。蟹黄汤包在吃法上很奇特，需"轻轻提，慢慢移，先开窗，后吸汤"。

每年的秋季到初春是品尝蟹黄汤包的最佳时节。

传统蟹黄汤包"放在盘里如座钟，夹在筷上像灯笼"，每个包子33个褶。其以蟹黄、蟹肉、鸡汤为主原料，经30多道工序才能做成，非名厨不能掌握其中奥妙。

蟹黄汤包形态晶莹雪白，吹弹可破，皮薄汤清，馅稠而不腻。

必享典故

相传清朝乾隆皇帝下江南微服私访时，因听闻"蟹黄汤包"味美而特意在靖江逗留。一天中午，皇帝与和珅乔装为平民在某家小店点了蟹黄汤包。因太急切而又不清楚汤包的吃法，皇帝一把抓起来就往嘴里送，结果汤浇了一身。乾隆最后也没好意思题字留名，却留下了"乾隆皇帝吃汤包甩到半背"的典故。

制作蟹黄汤包出名的地方分别是江苏镇江润州区人民街17号的宴春酒楼、淮安市河下镇的文楼饭店、靖江市江平路227号的鸿运楼，以及南京市六合区龙袍镇。

必荐星级 👍👍👍👍👍

必尝正宗地 ★

必知一般价格 ★

每只5~15元；每笼6个40~60元。

三丁包子

必尝美味 　　三丁包子是扬州名点，以馅心、面粉特色而闻名。其以鸡丁、肉丁、笋丁为"三丁"，浇以虾汁鸡汤等调料精制而成。所用发酵面粉洁白如雪，《随园食单》中赞"扬州发酵面最佳，松软鲜美、软中有韧、食不黏牙"。日本天皇品尝过空运过去的扬州三丁包子后，赞誉其为"天下一品"。

必品特色 　　**三丁包子油而不腻、甜中带咸，面皮与卤汁的交融达到了至鲜至美的境界。**

必享典故

　　相传乾隆皇帝巡游扬州时，对早点要求"滋养而不过补，美味而不过鲜，油香而不过腻，松脆而不过硬，细嫩而不过软"。扬州名厨然贵苦心，想出以海参丁、鸡丁、肉丁、冬笋丁、虾仁为馅，制成五味交融的包子。皇帝品尝"五丁包子"后大赞道："扬州包子，名不虚传。"后店家考虑到老百姓的消费水平，一般采用鸡丁、肉丁、笋丁为馅制作"三丁包子"。其味鲜美依旧，深受百姓喜爱。

宝亲王时期的弘历

　　扬州市广陵区得胜桥街路35号（近文昌中路）的富春茶社（0514-87233326），以及扬州汶河北路护城河边丰乐下街10号的冶春茶社（0514-87314650 87368018）所售的三丁包子最为正宗。

必荐星级 ★★★★★

必尝正宗地 ★

必知一般价格 ★　每个4元左右。

扬州炒饭

扬州炒饭又名扬州蛋炒饭，原流行于扬州，现已在全国范围内食用。其口味具有江南特色，配料简单，以上等白籼米或白粳米为主料，烹饪时加蛋、卤汁等调料即可。扬州炒饭品种繁多、风味各异，有"清蛋炒饭"、"虾仁蛋炒饭"、"三鲜蛋炒饭"、"什锦蛋炒饭"等。

扬州炒饭颜色金黄亮丽，饭粒软韧爽滑，滋味香润可口。

必享典故

谢讽在《食经》中记载越国公杨素爱吃"碎金饭"。"碎金饭"便是扬州炒饭的前身。相传隋炀帝杨广在一次巡游时将"碎金饭"的制作工艺传入扬州。后经历代名厨逐步创新，糅合淮扬"制作精细、注重配色"的特色，发展成为风味美食。

扬州各饭店都有扬州炒饭出售，其中以扬州广陵区淮海路103号（近文昌路）的三香碎金扬州炒饭（0514–87937878）的最为正宗。

每盘10元左右。

徐州蜜三刀

徐州蜜三刀是徐州特产"八大样之首"，因糕点表面有三道刀痕而得名。其具有补脾益气、润肺止咳功效，乾隆品后称其为"徐州一绝"。

蜜三刀制法复杂，先将老发面对上碱和成面团，用干面、饴糖和成饴糖面；再把两种面团交叠擀成生坯，用刀切成小块，面上顺切三刀；最后过油锅煎炸至金黄后过蜜而成。

徐州蜜三刀金黄透亮，绵软而不黏、香甜而不腻、味浓而不过。

必享典故

北宋年间苏东坡在徐州任知州时与隐士张山人相交甚好。一日在云龙山放鹤亭，苏东坡与张山人诗酒相会。东坡抽出一把新得宝刀在青石上连砍出三道刀痕，见其锋利无比甚是开心。恰好侍从送来一种新做的蜜制糕点，糕点表面亦有三道切痕。东坡随口称其"蜜三刀"。经苏东坡亲自题名的"蜜三刀"在徐州城里名噪一时。乾隆皇帝下江南路过徐州时指定要品尝百年老店"泰康"号的蜜三刀。传闻其吃后龙颜大悦，御笔一挥"钦定贡"。

必荐星级 ★★★★★

必尝正宗地 ★

以徐州市夹河街103号泰康糕点（0516-85736583）的徐州蜜三刀最受欢迎，大商店和网上皆有出售。

必知一般价格 ★

每斤9元左右。

黄桥烧饼

必尝美味 黄桥烧饼源自江苏千年古镇黄桥，被誉为"中华民族小吃"。其在明清时是大城市和南洋各国的抢手货，现今在江苏各地都有出售。

黄桥烧饼外形饱满，色泽金黄如蟹壳，酥脆可口。其在制作时以油酥和面，火腿或猪油做馅，在缸炉中烘烤即成。现黄桥烧饼口味很多，有芝麻馅、肉松馅、水果馅等。

必品特色 **黄桥烧饼咸甜皆备，不油不腻，入口酥松，热食口味最佳。**

必荐星级 ★★★★★

必尝正宗地 以江苏泰兴市鼓楼街黄桥烧饼专营店、南京建邺区汉中门大街68号（近莫愁湖公园）黄桥烧饼店的最为正宗。其次南京白下区、秦淮区也有黄桥烧饼售卖，口味也不错。

必知一般价格 每个2元左右，每盒6个15~20元。

必享典故

黄桥烧饼之所以闻名千里，与著名的黄桥战役密不可分。黄桥战役打响时，镇外战火纷飞，陈毅、粟裕带领部队浴血奋战。镇内炉火通明，12个磨坊、60个烧饼炉日夜赶做烧饼。群众冒着敌人的炮火把烧饼送往前线，军民互爱，谱写了一曲壮丽的凯歌。30余年之后粟裕将军重返黄桥，手捧烧饼激动地说："从黄桥烧饼我们看到了军民的鱼水深情，我们要继续发挥革命传统，争取更大的光荣。"

藕粉圆子

 藕粉圆子是盐阜地区特色小吃，约有200多年历史。其分荤素两种，既可当做时令小吃，亦可作为筵席佳肴。

藕粉圆子不同于传统汤圆，它以藕粉代替糯米粉作外皮，用桃酥、花生等多种果料与腌渍过的糖板油丁混合制馅心。其营养价值很高，有解酒提神功效。

 藕粉圆子呈咖啡色，圆滑通透，闻时桂花香浓郁，触时弹性十足，品时清香可口，沁人肺腑。

必享典故

清中叶皇宫有一名来自苏州建湖县的御厨，他精心制作出风味佳点藕粉圆子给皇帝品尝。点心浓郁的香味和玲珑的外形让皇帝赞不绝口。这位御厨数年后告老还乡，将藕粉圆子的制作工艺传入民间。

必荐星级 👍👍👍👍👍

必尝正宗地 ★

必知一般价格 ★ 每碗5～10元。

可到南京鼓楼区西康路46号（近西康宾馆）王老二土菜馆（025-83307947），扬州广陵区东关街小吃特色街西头路南207号粗茶淡饭（藕粉圆）品尝正宗的藕粉圆子。

海棠糕

海棠糕是苏州花色点心之一，因形似海棠花而得名。其制作工艺精细，先用面粉、发酵粉和冷水调成浆状；而后在特制模具里注入面浆，内裹豆沙、鲜肉等馅心；最后在炉内烘烤即成。

海棠糕色呈紫酱红，形似海棠花，赏心悦目，味道香甜可口。

必享典故

海棠糕创制于清代。相传一文人雅士见其形似海棠花，便奇思妙想称其为海棠糕。后海棠糕逐渐成为无锡风味小吃之一，与当地的梅花糕并称为苏州花色点心"双绝"。

以苏州新区许关镇上70多岁老夫妻制作的海棠糕最为正宗，只在周六、周日有售。另外，也可到苏州石路南浩街、山塘街、观前街购买。

每斤24元左右。

阜宁大糕

阜宁大糕又名"玉带糕"，源于江苏省盐城市阜宁县。每逢春节，苏北地区每家必备阜宁大糕供亲友享用，蕴含着大吉大利、步步登高的祝福。优质阜宁大糕白如雪、软如棉、薄如纸，点火即燃，可卷成小卷不断裂。

制阜宁大糕时先将糯米炒熟，磨成粉后与白糖、猪油搅拌；然后加入麻油、桂花、核桃仁等料做成糕坯；最后晾凉切块即可。

阜宁大糕糕片晶莹如雪，酥柔如云，香甜细软，沁入心脾。

必享由来

阜宁制作大糕的历史悠久，至今已有2000多年历史。相传明朝中叶盐城益林的一位民间美食大师融合做大糕的经验制成了一种特色糕点。后其制作工艺传入阜宁，变成阜宁特色大糕。乾隆年间，地方官将此糕贡献给皇帝。皇帝看其形似玉带，赐名为"玉带糕"。

以阜宁县益林镇的"殷"记大糕最为出名。

每斤18元左右。

浙江小吃

浙江东临东海，南接丘陵。其小吃根据各地特色创造出多种风味。杭州、宁波等区以甜糯松滑的米豆制品为主，江南丘陵山区以咸香松脆的杂粮小吃为特色，沿海地区则以海鲜点心见长。

浙江小吃在传统和新潮中相接。在制法上通过蒸、煮、烘、炒、氽，将简单的米、面、豆制成各式小吃。其绚丽多彩离不开全省各地的百年名店，杭州的奎元馆、宁波的罐鸭狗、嘉兴的五芳斋、绍兴的荣禄春等都是食客必去之地。

虾爆鳝面

必尝美味 虾爆鳝面是杭州奎元馆特色面点之一。其选料精细，制作方式独特，先选取鲜活的大黄鳝切成鳝片，放锅中用素油爆，荤油炒，麻油浇，鳝片呈黄脆即可；再取大河虾加蛋清清炒至白嫩；最后配以面条。

必品特色 虾爆鳝面虾仁洁白、鳝鱼香脆，面条中融入鳝鱼和河虾的香味，汁浓面鲜。

必享典故

传闻清同治年间钱塘盛产鳝鱼，河虾却很少。鳝鱼价格低廉且不易出售。渔民们为了能将鳝鱼尽快售出，将其与河虾搭配卖。奎元馆选用大小匀称的河虾、肉厚质嫩足有拇指粗的鳝鱼创制出特色面点。其面香气扑鼻，味美非凡，成为奎元馆的宁式名面。

必荐星级 ★★★★★

必尝正宗地 以杭州奎元馆的虾爆鳝面最为正宗，总店位于杭州上城区解放路154号，杭州市有多家奎元馆分店。其次也可去杭州拱墅区德苑路58号（近香积寺路）的状元楼、上城区河坊街91号（近中山中路）望江路的慧娟面馆品尝。

必知一般价格 每碗35~42元。

片儿川面

片儿川面原为片儿氽面，后因"氽"与"川"同音而改名。其是杭州奎元馆老店中的招牌面点，已有百余年历史，梅兰芳等知名人士都曾慕名而来。

片儿川面的特色在于用雪菜、笋片、猪肉做配料。其制作方式简单，先将肉片翻炒，投入笋片，然后放雪菜碎末及少许水继续烹熟，做成浇头后盖在煮熟的面条上即成。

必享典故

清同治六年（1867年），有一安徽人在浙江开了一家徽州面馆。某年杭州举行乡试，各地考生齐集于此。一天一位穷秀才进店点了一碗清汤面。老板心怀怜惜，特意以雪菜、笋片、猪肉片烧制成片儿川面低价售与书生。另外，他还在面底放了三个蛋，寓意其能"连中三元"。一段时间后，一位衣着华丽的官人走进店中，奇怪的是他只点了一碗清汤面。老板心中疑惑，听其说"底下放三只圆圆蛋"后恍然大悟，连忙作揖庆贺。年轻人为了向店主致谢，当场题写"魁元馆"（后老板嫌"魁"字有鬼将其改为"奎"）三字作为招牌，奎元馆的片儿川面随之名声大振。

片儿川面面滑汤浓，笋菜爽口、雪菜香醇、肉片鲜嫩，食后让人回味无穷。

 ★★★★★

 每碗15元左右。

正宗地是杭州奎元馆，总店位于杭州上城区解放路154号，当地有很多它的分店。其次也可去杭州拱墅区莫干山路108号（天鸿饭店斜对面）的片儿川面馆、杭州上城区中河南路14号（近雄镇楼）的菊英面馆品尝。

葱包烩

必尝美味

葱包烩又名油炸烩儿，是杭州风味小吃。其制作方法简单，将油条和小葱裹在面饼内，在铁锅上油炸即可。

必品特色

葱包烩入口酥脆油腻，百里之外即可闻到其浓郁的葱香。

秦桧铁跪像

必享典故

葱包烩与秦桧陷害岳飞的典故有关。南宋时期岳飞精忠报国，率领岳家军抵抗金兵。战争节节胜利，在即将直捣金军大本营时高宗皇帝听取秦桧小人之言，用十二道金牌将前线奋战的岳飞召回。最后奸臣秦桧用"莫须有"的罪名将岳飞杀害于杭州风波亭。百姓无不痛心疾首。杭州有位点心师傅用面粉捏成两个象征秦桧夫妻的面人，丢进油锅中炸，以解心头之恨。他称其为"油炸烩儿"，后害怕秦桧党羽加罪，把木字旁的桧改成火字旁的烩。一时市民争相购买。"油炸烩儿"后流传全国各地，成为风味小吃。

必荐星级

必尝正宗地

口味正宗的属杭州上城区高银巷37号高银巷小学斜对面的葱包烩摊，其次为杭州外婆家饭店（连锁店）。

必知一般价格

小摊上1.5元左右两个，饭店每份3元左右。

杭州猫耳朵

　　猫耳朵是浙江杭州特色面条，因其面瓣形似猫耳而得名。猫耳朵制作技巧难，先将小麦粉加盐揉成面团，掐成小面团后用大拇指碾成猫耳朵形状，而后配以鸡丁、火腿丁、香菇、干贝等佐料烹制。

　　猫耳朵面片小巧玲珑，鸡丁似琥珀，火腿丁如玛瑙，汤鲜味美。

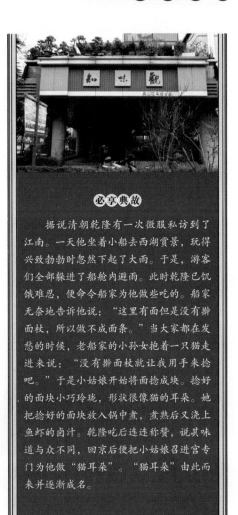

必享典故

　　据说清朝乾隆有一次微服私访到了江南。一天他坐着小船去西湖赏景，玩得兴致勃勃时忽然下起了大雨。于是，游客们全部躲进了船舱内避雨。此时乾隆已饥饿难忍，便命令船家为他做些吃的。船家无奈地告诉他说："这里有面但是没有擀面杖，所以做不成面条。"当大家都在发愁的时候，老船家的小孙女抱着一只猫走进来说："没有擀面杖就让我用手来捻吧。"于是小姑娘开始将面捻成块。捻好的面块小巧玲珑，形状很像猫的耳朵。她把捻好的面块放入锅中煮，煮熟后又浇上鱼虾的卤汁。乾隆吃后连连称赞，说其味道与众不同，回京后便把小姑娘召进宫专门为他做"猫耳朵"。"猫耳朵"由此而来并逐渐成名。

👍👍👍👍👍

　　每份5元左右。

　　杭州知味观的猫耳朵最为出名，其总店在杭州上城区仁和路83号，当地有很多它的分店。

嘉兴五芳斋粽子

五芳斋粽子源自浙江嘉兴，有"江南粽子大王"之称。其花样繁多，有肉粽、豆沙、蛋黄等几十个品种。因其携带方便、滋味鲜美，又被誉为"东方快餐"。

其主料为糯米，将其与糖、盐、红酱油搅拌均匀，加入各种馅心，用棕叶、棕绳裹成四角立体状，放沸水中煮熟即可。

必享典故

民国时期，浙江兰溪人张锦泉在嘉兴张家弄里开了首家五芳斋粽子店，以"荣记"为号。几年后冯昌年、朱庆堂在其旁边也分别开了"合记"、"庆记"五芳斋粽子店。三家店竞争激烈，在制作技艺上日趋成熟。1956年三家店合为一家，所制粽子形成"糯而不糊，肥而不腻，香糯可口，咸甜适中"的特色，美味名扬江南，吸引了众多食客。

五芳斋粽子品种繁多，各具风味。肉粽糯而不烂、肉嫩味香；豆沙粽咸甜适中、沙酥满口；栗子粽香糯可口，味厚馨醇。

浙江嘉兴"五芳斋"店出售的五芳斋粽子最为正宗。浙江大街小巷有很多它的连锁店。现超市也可购买真空包装的五芳斋粽子。

因馅心不同，每只4～6元，每袋20～60元。

绍兴臭豆腐

必尝美味

绍兴臭豆腐是绍兴民间休闲小吃，距今已有千年历史。其以"亦臭亦香"为特色，人称"尝过绍字坊臭豆腐，三日不知肉滋味"。

臭豆腐由卤水腌制而成，好吃与否关键在于卤水的优劣。一坛好的卤水常留存有20年以上，所腌制出的臭豆腐美味无比。臭豆腐制作方法简单，将新鲜蔬菜放入密封的坛内，在其自然发酵过程中不断加入各种香料，几天后卤水制好，放入切块的白豆腐即可。腌制好的臭豆腐可油炸、可清蒸。

必品特色

绍兴臭豆腐外臭里香、酥嫩奇鲜，一经品尝，令人欲罢不能。

必享典故

传说，浙江绍兴有一家豆腐店生意兴隆，因连续几天倾盆大雨生意受到影响。老板害怕积压的豆腐变质，苦思冥想，将豆腐切成小块腌制。几天后雨过天晴，他将腌制的豆腐取出洗净后蒸熟卖，没想到生意很好。这就是最初的臭豆腐，后来经过多代人改进，最终演变成如今的绍兴臭豆腐。

必荐星级

较为正宗的分别是绍兴市越城区鲁迅中路179号的咸亨酒店，绍兴市城南鲁迅中路的三味臭豆腐，绍兴吴字坊的臭豆腐（多家连锁）。

必尝正宗地

必知一般价格

每份5元左右。

宁波猪油汤圆

 　　宁波猪油汤圆是中华名点小吃，源于浙江宁波。其白如羊脂、光亮可鉴，以糯米粉制皮，白糖、黑芝麻和猪板油制馅。

 　　咬开猪油汤圆的皮子后桂花香扑鼻，皮薄馅多、糖汁四溢、香甜滑糯。

据考证宁波猪油汤圆始于宋元时期，距今已有700多年历史。相传八仙吕洞宾在阳春三月变为老翁在西湖叫卖猪油汤圆。其所卖汤圆有团圆相逢之意，如果同吃一碗两人即会结为百年夫妇。许仙偶然间路过叫了一碗来品尝，在品尝时不小心将其中一颗滚落西湖。湖中的白蛇游经时吞吃了，后千方百计找到许仙与其续姻缘。

位于宁波江北区江北大道188号3楼61号的百年老店"缸鸭狗"，所售猪油汤圆最出名。

 每碗16元左右。

金华汤包

金华汤包是南方汤包中的佼佼者，有"金华第一点"的美誉。其以老母鸡汁、猪肉皮汁制成的皮冻加鲜肉、笋丁作馅，面皮要擀成直径约6厘米，中间厚边缘薄，制成包子生胚后置笼中旺火蒸4分钟即可。

金华汤包皮薄汁鲜、清香宜人、造型雅致。其讲究现做现吃，品尝时先咬个小洞，吹气降温后吸其汤汁，再食薄皮鲜馅。

常遇春

必享典故

相传元末朱元璋攻打金华时，对方在城门上挂上万金闸，朱元璋军队耗费多日无法攻破。一日，大将军常遇春、胡大海趁元兵开城门挑水之际突袭。常遇春用双肩扛住元军城门的万金闸，让义军迅速进城。因时间过长，常遇春逐渐感到饥饿乏力，想吃包子喝汤补充体力。将军胡大海为了能腾出一只手帮忙托万金闸，在包子里灌好汤再喂给他。突袭最终胜利，而包子里加汤的吃法也在金华流传开来。

一笼8~16元。

目前在金华市区南滨花园一小饭店做的金华汤包口味地道。

吴山酥油饼

必尝美味

　　吴山酥油饼别名"大救驾"、"蓑衣饼"，是浙江杭州传统美食。其于南宋时始创，号称"吴山第一点"。

　　吴山酥油饼以油面叠酥制成，先用面粉、花生油揉成油酥面团，另将面粉加沸水揉成雪花粉，冷却后加花生油揉成水油面团；然后在水油面剂子中裹油酥面剂子，压扁卷成饼环；最后把饼坯投入锅中油炸至玉白色，起锅后撒上白糖、桂花即成。

必品特色

吴山酥油饼色泽金黄、下圆上尖、形似金山，香甜酥脆，油而不腻。

宋太祖赵匡胤

必享典故

　　吴山酥油饼历史悠久。五代十国末赵匡胤与刘仁瞻在安徽寿县交战时，当地老百姓用粟子面制成酥油饼支援赵军。后赵匡胤一统江山，将其设为皇宫御用食品。高宗迁都临安（今杭州）时秘方传到民间。有商人在吴山风景点仿照此饼改用面粉起酥制成吴山酥油饼。

必荐星级

👍👍👍👍

必尝正宗地 ★

杭州知味观的酥油饼最为出名，总店在浙江上城区仁和路83号，当地有多家分店。

必知一般价格 ★

一般一份十几元。

安徽小吃

　　安徽北接中原，南临江浙，东临沿海地区，是沟通江南和北方的通道。文化上北部为中原文化，中部为淮江文化，南部为长江文化。

　　安徽小吃也有区域特色，芜湖、安庆、合肥地区属沿江菜系，以烹调鸡鸭鱼见长，如庐州烤鸭、四大糕点、汤圆、乌饭团、虾籽面、鱼皮蟹黄饺等；蚌埠、宿县、阜阳等地属沿淮菜系，咸中带辣，汤汁味浓，惯用香菜等佐料调味，如混汤酒酿元宵、符离集烧鸡、烧饼、太和板面等。

鸭油烧饼

鸭油烧饼是合肥市庐州烤鸭店最有名的传统小吃，名气大过此店的烤鸭。2000年鸭油烧饼被中国烹饪协会授予"中华名小吃"荣誉称号。

鸭油烧饼是用鸭油和面粉、调味料做成椭圆形的饼坯，表面黏上一层芝麻，放入烤炉中烤制而成。其外表焦黄，里面有葱花、鸭油等，面呈一层一层的，像千层饼。

必享典故

庐州烤鸭店的前身是民国时一家名为吴鸿发的餐馆，后改名为"大众早点店"。此店以制作老式"吊炉烤鸭"闻名。新中国成立不久改为公司合营。1984年在"大众早点店"的基础上成立了"庐州烤鸭店"。其烤鸭选用巢湖、肥东、肥西等地的小麻鸭制作，很受食客好评。然而真正让这家店美名远扬的不是烤鸭，而是其副产品鸭油烧饼和鸭油汤包。

饼色焦黄，鸭油香浓，趁热吃时鲜嫩透酥，馅料清香微咸。

必荐星级 ★★★★★

必知一般价格 一个烧饼2元左右。

必尝正宗地 以合肥市庐阳区宿州路107号（淮河路步行街与宿州路交叉口）庐州烤鸭店总店（0551-62692716；62615888）的最为正宗。其分店有瑶海区长江东路1074号（东门金大堂站台对面）庐州烤鸭店（0551-4299869）、包河区宁国路1号香港街庐州烤鸭店（0551-62862818）等。

鸭油小笼汤包

鸭油小笼汤包是庐州烤鸭店卖得最红火的食品之一，在合肥地区享有盛名。2000年鸭油汤包被中国烹饪协会授予"中华名小吃"荣誉称号。

鸭油汤包是在猪肉糊中加入酱油、鸭油、麻油、料酒、精盐、味精、葱末、姜末等调匀，做成馅，包成包子，上笼蒸熟而成。吃时用筷子夹个包子蘸点醋，晾一下，咬个小口，先慢慢把汤汁喝了，再吃包子。

其皮薄汤鲜，馅香鲜可口，鸭油香浓郁。

 ★★★★★

以合肥市庐阳区宿州路107号（近淮河路步行街）庐州烤鸭店总店（0551–62692716）的最为正宗。其分店有瑶海区长江东路1074号（东门金大堂站台对面）庐州烤鸭店（0551–64299869）、包河区宁国路1号香港街庐州烤鸭店（0551–62862818）等。

一笼包子12~15元。

庐州钟楼

必享典故

合肥民间有"千年庐州城，烤鸭最出名"之说，可见此地的烤鸭非常有名。但在最有名的老招牌庐州烤鸭店里，鸭油汤包比烤鸭还要受欢迎。据店家说其鸭油是用鸭板油提炼而成的，并不是烤鸭过程中产生的烤鸭油。

赤豆糊

赤豆糊是安徽的美食之一，是用赤小豆、冰糖、藕粉、小汤圆做成的甜粥，在当地非常有名。

其基本做法是先把赤小豆用清水泡一夜，第二天早上淘净入锅，加适量水和冰糖，煮成粥；再把藕粉加水调成糊，倒入粥中，搅匀，盖上盖，焖煮一会儿；然后倒入煮好的小汤圆，搅拌匀，即可出锅。

其粥色枣红，甜爽可口，甜而不腻。

必享典故

赤豆糊在安徽、江苏两省很流行，是两地的传统甜粥之一，在很多饭店里都有供应。在合肥、芜湖、安庆、镇江等地都有很正宗的粥店。

以合肥市庐阳区宿州路107号（近淮河路步行街）庐州烤鸭店总（0551-62692716）的味道最为正宗；另外，庐阳区金寨路（庐江路西侧）宝葫芦小吃馆的口味也不错。

必荐
星级

必尝
正宗地
★

必知
一般价格
★

一碗4~5元。

乌饭团

必尝美味 　　乌饭团是安徽沿江地区的风味小吃。每年农历四月初八，当地每家每户都有吃乌饭团的习俗。

　　乌饭团以乌饭树叶、糯米为主原料，先将糯米放入乌饭树叶制成的汁水中浸泡，待米粒呈淡乌色时捞出沥干；另用旺火炒豆腐丁、鸭丁，放入淀粉勾芡出糊状馅料；然后将糯米与粳米粉揉成的面团与糯米拌匀，揉成面皮；最后在面皮中包入馅料，做成圆形生坯后滚黏上一层乌米，上笼蒸熟即成。

必品特色 　**乌饭团外貌乌黑油亮，糯而不黏，甜而不腻，芳香可口。**

《目连救母》戏画

必享典故

　　相传古时有个孝顺儿子名叫目连，每年的四月初八他都会带着糕点、蔬果等食物去祭拜亡母。可是他每次带去的食物都被可恶的小鬼们一抢而空，其母根本吃不到。目连很难过，后来他想了一个办法，将菜肉用糯米面包起来，外面裹一层乌叶汁泡过的米，蒸熟了放在母亲墓前。小鬼们不敢吃一团团黑乌乌的东西，目连的母亲终于可以享用了。后来，四月初八变成了孝子节，而乌饭团小吃也一直流传至今。

必荐星级 👍👍👍👍👍

必尝正宗地 　　除饭店外，在安徽芜湖、宣城一带的菜市场有卖，口味相对正宗。

必知一般价格 饭店一份10元左右，菜市场的更便宜。

徽州毛豆腐

徽州毛豆腐在歙县一带流传已有600多年，是皖南山区特色小吃的代表。其用料考究，制作精细，是到黄山旅游必尝的一道美味。

毛豆腐也叫霉豆腐，是一种经由发酵后长出白色茸毛的霉制品。在歙县，吃毛豆腐的方法多种多样，其中最普遍的做法是用油将其两面煎焦，再淋上香油、辣椒面等调料。客人拿着油黄的毛豆腐，与挑担的货郎边吃边聊，听听古老的歙县故事，别有一番风味。

朱元璋

必享典故

据说早年明太祖朱元璋家境贫寒，小小年纪就到财主家做帮工。财主为人苛刻，不仅要朱元璋白天出去放牛，晚上回来后，还让他与长工们一起磨豆腐。他年纪虽小，但手脚麻利又勤快，长工们都很喜欢他，也都尽量照顾他，不让他干重活。谁知这事被财主知道了，引来财主不快，便将朱元璋辞退了。没有工作的朱元璋就变成了小乞丐，每天沿街乞讨。长工们可怜他，于是经常从财主家中偷出一些饭菜和鲜豆腐，藏在庙的干草堆里，让朱元璋取食。一次，朱元璋去外地行乞，几日未归，回来后，发现豆腐上长了一层白毛，但饥饿难耐，只好煎了就食，不料清香扑鼻，可口异常。朱元璋做了反元起义军统帅后，一次率十万大军途经徽州，令炊厨取当地溪水制作毛豆腐犒赏三军。从此，油煎毛豆腐很快在徽州流传，成了美味可口的传统佳肴。

油煎过的毛豆腐表面酥脆金黄，内里柔嫩鲜美，调料麻辣可口，独具风味。

必荐星级 👍👍👍👍👍

必知一般价格 小碗3~5元，如果加上臭豆腐，大份的8~10元。

必尝正宗地 黄山市老街口有多家专卖毛豆腐的小摊，其中最有名的是"臭名远扬臭豆腐专卖店"。

下塘烧饼

下塘烧饼也叫夏塘烧饼，是江淮传统名小吃。它来自长丰县的下塘古镇，很久以前就在安徽受到极大的欢迎。在下塘，不少人家一直以贩卖烧饼为生。

烧饼在安徽各地都有，但唯独下塘的烧饼名声最大。"干葱老姜陈猪油，牛头锅制反手炉，面到筋时还要揉，快贴快铲不滴油。"这是流传在下塘的顺口溜，它形象地道出了下塘烧饼的制作过程。现在，下塘烧饼仍然坚持纯手工制作，土灶烤制，保留其最古老的味道。

曹操

必享典故

下塘烧饼始自三国时期。据说当年曹操率军攻打吴国大败，被一路追赶至下塘一带。到了晚上，魏军在天色的掩映下终于逃过吴军的追击。跑了一天的魏军感到又累又饿，但因为害怕被吴军找到，不敢用明火做饭。这时，有人想出将行军锅倒扣，在下面点火，把面饼烤熟来吃。结果，魏军填饱肚子，士气大振，一举击败了吴军。为纪念这场大胜，曹操便将这种烧饼命名为"夏塘烧饼"。宋太祖赵匡胤陈桥兵变，途经下塘时，当地百姓就曾进献"夏塘烧饼"。

下塘烧饼面皮酥脆松软，芝麻浓香，馅料可口，外焦内软，独具风味。

必荐星级 ★★★★★

必尝正宗地

以合肥市包河区马鞍山路万达广场晓香亭的下塘集烧饼铺子的口味最为正宗。另外，步行街李鸿章故居后也有一家下塘烧饼，人气很高，经常需要排队才能买到。

必知一般价格 3元一个。

虾籽面

虾籽面是安徽省芜湖市的特色小吃之一，面韧爽滑，味道鲜美，深受当地人们的喜爱。其在面食的基础上加入了长江中大虾的籽，使原本单调的面汤有了海鲜的香味，十分诱人。现在有香捞虾籽面、云吞蚝油捞虾籽面和炒虾籽面等，其中尤以云吞蚝油捞虾籽面最为著名，是虾籽面的代表。

虾籽面制作时先将面条放入开水中煮熟，装盘待用；再把事先熬好的骨头汤烧开；接着取出一只大碗，依次放入酱油、虾籽、熟猪油和葱末，最后放入煮熟的面条并将骨头汤倒入碗中，拌匀即可食用。

其汤浓鲜香，滋味浓厚，面韧爽滑，蚝油的香味覆盖了虾籽的腥味，让整碗汤面更加鲜美。

必享由来

虾籽面早在20世纪50年代就已风靡芜湖市。当时人们觉得普通面食味道过于单调，所以设法将其进行了改良。芜湖市耿福兴的厨师在面食的基础上加入了虾籽、蚝油等食品，制成了汤浓面韧的虾籽面。此面一经推出便广受推崇，成为芜湖市小吃的代表。现在还有面厂为了吸引顾客，在制面时也加入了大量虾籽，做成干的虾籽面饼。

必荐星级 👍👍👍👍

必尝正宗地 ★

其以发源地耿福兴老字号的口味最为正宗。较为出名的有芜湖镜湖区凤凰美食街的"耿福兴"、合肥市庐阳区淮河路步行街的"耿福兴"等。

普通口味的虾籽面1份8~14元，其他的虾籽面价格因口味而定。

福建小吃

　　福建小吃早在明朝就已出现，其经过多年的变革，融合中国各地的风味，最终形成自己的体系，成为中国著名小吃的一部分。其中尤以沙县小吃、福州小吃和厦门小吃最为著名。

　　福建小吃味道独特，名目繁多，十分诱人，使很多游客回味无穷，流连忘返。福建各处小摊广布，给当地的饮食文化增加了一道亮色。每当朝霞微露，商贩们便开张营业，世界各地的游客也纷至沓来，感受着当地的美食文化。

七星鱼丸

七星鱼丸是福建的特色鱼丸，也是著名的汤菜类小吃之一。其形如李子，雪白嫩滑，漂浮于热汤之上，仿如天空中的星斗，因此被称为"七星鱼丸"。

制作七星鱼丸颇有难度，首先要把猪肉分为瘦肉和肥膘肉，瘦肉剁成蓉再加入虾仁粒、姜、料酒、白糖、精盐、荸荠末、酱油和少许淀粉拌匀成馅，挤成肉丸；其次把肥膘肉和鱼肉剁成泥，加入水、淀粉、鸡蛋清和调料搅拌均匀，再挤成小丸子，并将做好的肉丸塞入，封严；最后蘸水放入锅中煮制而成。

七星鱼丸颗颗饱满，荤香不腻，外皮洁白，肉馅香甜，富有弹性且嫩滑爽口。

必享典故

据说，古代闽江有位渔民以摆渡载客为生。有一天，他载着船上要南行经商的客人，突然在闽江一带遭遇台风袭击。船在避风时，不幸损坏。在船修好前，他们只能依靠吃鱼来填饱肚子。日子一久，商贩们便开始抱怨，恰好船妇在船上找到了1袋薯粉，便将刚钓到的鱼取肉去刺，剁成肉泥，加上薯粉做成了口味独特的丸子。众人一尝，纷纷称赞。

他们安全回家后，商人便在福州开了一家名为"七星小食店"的饭馆，由船妇掌厨。事后，有一位考生路经此地，尝其鱼丸后大加赞赏并赋诗一首："点点星斗布空稀，玉露甘香游客迷。南疆虽有千秋饮，难得七星沁诗牌。"店主见此诗写得精彩绝伦，便将其刻于匾上，挂在店堂，"七星鱼丸"也由诗中意境得出。

必荐星级 👍👍👍👍👍

必尝正宗地★ 以福州南后街永和鱼丸最为正宗；其次可到福州茶亭街鱼丸店、福州交通路鱼丸店和福州"中味味"小吃店品尝。

必知一般价格★ 在市场买的急冻的干货一般1斤为10~15元；品牌不同，价格稍异。没有品牌的小吃店1份为3~8元，有品牌的店价位偏高。

肉燕皮

肉燕皮俗称扁食皮，源于浦城县，于清宣统三年（1911年）由王世统创制成为干肉燕皮。其因形似飞燕，故得名为"扁肉燕"。在福建逢年过节、家人欢聚时，肉燕皮是必不可少的小吃。

肉燕皮主要材料是猪前后腿的瘦肉、糯米糊、食用碱和薯粉。制作时先将瘦肉剔净筋膜，置于砧板上，并加入适量的食用碱和糯米糊，反复捶打，直至成为胶状肉泥；再均匀撒上薯粉，将其压成薄皮，最后切成长条即可。食用时可直接包上肉馅做成扁肉燕，味道鲜美，惹人喜爱。

肉燕皮透明光滑，清香爽口，让人齿颊留香。

必享典故

明朝嘉靖年间，有位御史大夫告老还乡回到福建浦城县。他在京城时吃遍了山珍海味，所以回到家乡只想吃平淡的食物。厨师为讨他的欢心，便想制作一道简单可口的小菜给他品尝。他选取了猪腿的瘦肉，打成肉泥，加上适量的薯粉，再压成薄皮切块，最后包上肉馅做成扁食，再用开水煮熟。御史大人尝了一个后直觉口感香脆，嫩滑可口，连问其名字。厨师觉得其形似飞燕，便将其称为"扁肉燕"。从此，福建肉燕皮就开始流传开来，被人们制成各种不同的佳肴，现在远销世界各地。

★★★★

最为正宗的肉燕皮当属福州同利肉燕店，其次是七宝老街福建太姥山百年小吃店和连城小吃等。

同利肉燕店一般鲜肉燕皮的普遍价格约20元1斤；干肉燕皮的价格随品牌而定，一般小摊上的价格约25元1斤。

炒面线

炒面线是厦门的传统小吃，因面细如线，故得名面线，也称线面。面线易熟，且制作简便，容易消化，是老人和小孩的最佳食品。

其烹制时要选用优质的面线，先将油锅烧到七成热时把面线放入炸至金黄；再用热水烫一遍去油腻；接着将切好的香菇、冬笋、蒜苗、瘦肉、鳊鱼等倒入锅中翻炒，并适当地加入绍兴酒提味；最后加入去油后的面线炒熟即可食用。食用时淋上沙茶酱或红辣酱，味道更加独特。

必享典故

五六十年前，"双全酒家"和"全福楼"的几位师傅为改变菜色而尝试烹饪各种新菜肴。在烹饪实践中，他们创造出了炒面线。其味道独特，柔韧爽口，受到当时人们的追捧。

早年，有些华侨担心出国后没有炒面线可吃，便用特制的保温瓶装上带去海外。几年前，也有华侨为了吃到正宗的炒面线，专门跑遍厦门市区寻找"双全酒家"。

 其香甜鲜美，柔韧爽口，芳香四溢，回味悠长。

 必荐星级

 必尝正宗地

厦门"双全酒家"是炒面线的发源地，最为正宗，其次是厦门"原巷口鱼丸店"和"老福州闽菜馆"。

 必知一般价格

小吃店内1份5~10元。

兴化米粉

兴化米粉是莆田的特产之一，也是早期快餐中的一种，至今仍受到人们的喜爱。早在宋代兴化米粉就已成型。后历经多年的改良和创新后，成为莆田的标志。

兴化米粉被当地人称为捞化，是用大米精制而成，现有细米粉、快熟米粉、银丝米粉和粗条米粉等产品。其做法更是数不胜数，可谓花样百出。兴化米粉作为莆田的名片，在明朝就开始对外销售，现在也是宴请外来友人、馈赠亲友、自家食用的首选。

其色泽洁白如雪，质地细滑，条细而匀，味美不腻，略有米香。

莆田湄洲妈祖祖庙

必享典故

相传北宋熙宁年间，兴化军主簿黎畛受命到此治水。在筑坡时其助手钱四娘因筑坡失败而投河自尽。为了避免此类情况再次发生，黎畛亲自督导治水。治水完成后，他为了表示对众人的感谢，特命人回老家取来加工米粉的工具，并将祖传的米粉加工手艺传授给大家。

此后，兴化地区学习加工米粉的人数与日俱增，加工规模不断扩大，在洋尾村形成了加工米粉的主要产地。但清同治年间，洋尾村被洗劫一空，兴化米粉加工也由此中断，好在黎氏子孙跑到西洪村后仍以加工米粉为生，兴化米粉才得以流传下来。

必荐星级 👍👍👍👍

必尝正宗地

以莆田洋中路北口"特味猪血捞化"小店、"老福州"小吃店（很多连锁店）、福州井大路"依土捞化"小吃店和福州鼓山浦东的智安捞化等的味道最为正宗。

必知一般价格

特味猪血捞化店1碗5~10元，干货500克约8~15元。

海蛎饼

必尝美味

海蛎饼又名蛎饼，是福清市有名的小吃之一。每到逢年过节、婚宴喜庆时，福清人们的餐桌上总少不了它的倩影。其营养价值很高，是福清人热爱的早餐之一；在食用时搭配上一碗嫩滑可口的鼎边糊，更是让人回味无穷。

其制作时要先把黄豆浸泡6~8个小时后研磨成浓浆，再将白菜、猪肉等切粒装碗，并加入海蛎和调料轻轻搅匀做成馅

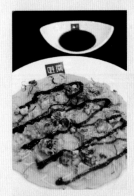

料；接着在热好的锅中倒入一半的浓浆并放入馅料；最后把剩下的豆浆倒入，翻煎至两面焦黄即可。食用时可淋上沙茶辣、辣酱等，味道更加鲜美爽口。

必享典故

传说清朝初年，有位青年在闹市摆摊卖早点，但其早点平淡无奇，毫无特色，以致生意冷清。某天，他睡觉做梦，梦中他身处一片仙境，那里星光闪闪，月白云清。当他看得入神之时月亮骤然下沉，金黄的太阳从东边猛然升起，一位白发苍苍的老人在太阳底下大喊："你的好运来了。"青年醒来后苦思冥想，终于悟出个中道理。他把黄豆磨成浓浆，倒入锅中，之后再放入海蛎并淋上一层浓浆。此时他做的饼就像明月般皎洁；再把饼炸成金黄，就好比从明月变成了太阳。

青年将做好的海蛎饼摆出叫卖，人们尝后个个拍手称好。此后青年就靠着它发家致富，成家立业。

必品特色

其色泽金黄，外酥里嫩，肉汁四溢，馅料鲜美，喷香扑鼻，令人百吃不厌。

必尝正宗地 ★

以福州安泰酒楼、厦门莲欢海蛎煎、榕城古街、福州庆城路"回头客锅边"，以及福州三坊七巷南后街等小吃店所贩卖的海蛎饼较为正宗。

必荐星级 👍👍👍👍

必知一般价格 ★

街上价格便宜，1个2~3元；小吃店内的价格较高，厦门莲欢海蛎煎1个5~10元。

春卷

必尝美味

春卷是由古代春饼改良而成，故又名春饼、薄饼，是福州民间流行的传统小吃。其在福州历史悠久，现在全国各地都有销售，但各地的风味和外形大小都有差别。例如，成都春卷是用薄面皮卷上馅料直接食用，而福建春卷一般都需油炸。春卷的馅料多是蔬菜和肉，但也有部分地区用红豆沙做馅。

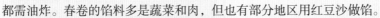

春卷制作简单，只要将薄面皮卷上喜欢的馅料，经热油炸至金黄即可。其本身含有蛋白质和少量的矿物质，对身体很有好处；并且春卷寓意吉祥，有迎春、喜庆的兆头，所以民间很多婚庆宴席总少不了它的身影。福建和台湾地区也在祭祀祖先时摆上一盘春卷，以示对祖先的怀念。

必品特色 其形似扁圆筒，皮薄质酥，馅心香软，馅料丰富，外酥里嫩，口感极佳。

郑成功

必享典故

清朝郑成功为福建百姓作出了许多贡献，百姓为了表达谢意，便在春节来临前摆筵席款待他。筵席上的菜品由当地百姓各出一道。但无奈菜肴实在太多，郑成功担心会辜负众人的期盼无法一一品尝。就在此时，他看到桌上摆有一张烙熟的面皮，便直接将其摊平，将每家的菜夹入一点，卷起来吃。后来人们将其称为春饼。经过不断演化，就变成了今天的春卷。

必荐星级 👍👍👍👍

必尝正宗地 在福州三坊七巷、乌山路茂泰大楼聚福园和醉仙楼都能吃到正宗的福建春卷；其次，在"老福州"小吃店和福州安泰酒楼等，也能品尝到此美味。

必知一般价格 装袋的春卷500克的25~35元。

光饼

光饼是福州独具特色的风味小吃之一，起初只有平常百姓食用。如今很多酒楼、饭店将其从中间切口，夹上馅料摆上餐桌，成为酒席上一道特色的点心。

制作光饼的材料极其平常，只要普通的面粉、盐巴、碱面和芝麻即可。但其却有着烦琐的制作过程。制作时，先在面粉中加入食盐、碱和水揉成面团；再切成银元大小并捏成圆形；接着撒上芝麻后在中间打孔，最后将其放入烤红的饼炉内，用松针作为燃料烘烤，烤熟后可直接食用。

其色泽金黄，质地酥脆，喷香可口，看似平淡，却十分诱人。

戚继光

必享典故

光饼的创作很大程度还归功于戚继光。明嘉靖四十二年（1563年），戚继光的军队与倭寇打仗时进入福州地区，无奈天公不作美，连日的暴雨阻碍了将士们生火做饭。戚继光为了让将士们能填饱肚子，就命令人烤制一些干粮。结果士兵们奇思妙想做出了这种简单的小饼。为了便于携带，他们还在饼中央打了一个小孔，用麻绳串起挂在身上。起初光饼并没有加盐和芝麻，容易引起士兵上火、消化不良等现象。后来人们发现在饼中加入食盐和碱，在饼上撒上芝麻便可去燥火，促消化。为了纪念戚继光的战绩，人们便用戚继光的"光"字来为这个饼命名，称其为光饼。

较为正宗的光饼店有福州鼓楼区北大正宗光饼店北大店等。

普通光饼大概1元4个，大一些的大概1元2个。

土笋冻

土笋冻又名涂笋，由收复台湾的英雄郑成功首创，是以土笋加工而成的冻品，为福建特色小吃之一。其最早出现的地方是晋江安海，但却被厦门抢走了专利权，现变为了厦门小吃。

土笋冻主料是海边一种名叫土笋的动物，其富含胶原蛋白。制作时先将其煮熟使汤变得黏稠；接下来将汤盛在碗中冷藏便可制成土笋冻；等汤凝结后再配以酱油、蒜泥、陈香醋等佐料，风味更佳。因其口味独特，外观晶莹，且有清热补脾润肺的功效，所以深得闽南人的喜爱。

 土笋冻呈灰色，香嫩爽滑，晶莹剔透，富有弹性，要是配以其他佐料，风味尤佳。

 必荐星级 👍👍👍👍👍

必尝正宗地 ★ 以福州津泰路兴化府、厦门天河西门土笋冻的口味最为正宗；在厦门各大市场也能买到。

必知一般价格 ★ 一般的小摊1斤大概10元；饭馆的价格因大小份而定，中份1份1~5元。

郑成功雕塑

必享典故

相传，在收复台湾时，郑成功带领的军队经常遇到粮草紧缺的情况。士兵们为了解决粮食问题，便到海边抓当地的土笋熬汤充饥。郑成功则陪同将士一起以土笋汤为食。但由于郑成功公事繁忙，经常废寝忘食，其下将士担心他不进食身体会垮，便在他休息时将事先做好的土笋汤温热递给他食用。某日，他感觉饥饿，但又不想劳烦将士，便命人直接取来凝结成冻的土笋汤，结果发现其味道独特，入口即化。之后，人们不断将其改进，才制成了今天的土笋冻。

八宝芋泥

必尝美味

八宝芋泥为福建传统甜食之一，是一款老少皆宜的小吃。福建最出名的芋泥莫过于福鼎的八宝芋泥。因为福鼎当地的芋头质松，肉香，味美，是制作芋泥的上乘材料。此菜不仅以独特的味道脍炙人口，且寓指吉祥如意，是婚宴喜庆、逢年过节、家人欢聚的必备食物之一。

八宝芋泥制作简便，现在福建很多家庭都能制作。中医认为八宝芋泥可治胃痛、痢疾、慢性肾炎等疾病，是不错的保健食品。

必品特色

其色彩丰富，美观大方，香甜可口，质地细腻，入口即化，甜而不腻。

林则徐

必享典故

据说，清朝道光年间，钦差大臣林则徐奉命到广州禁烟。当时英美等国的领事想让其当众出丑、知难而退，特地以中国没有的冰激凌当饭后凉菜，并借机向中国官员示威。事后，林则徐顿生心计，便设宴"回敬"他们。起初他先让厨师上了几道凉菜，筵席最后又端出了一盘精美雅致的芋泥，因其不冒热气，颜色丰富，各国领事以为又是凉菜，刚上桌便纷纷舀进嘴里。结果被烫得直冒冷汗，叫苦不迭，从此不敢小觑林则徐。

必荐星级 👍👍👍👍

必尝正宗地

较为正宗的八宝芋泥小店有福州三坊七巷、"老福州"小吃店、福州乌山路茂泰大楼聚福园和醉仙楼、榕城古街的小吃店等。

必知一般价格

小吃店内的1份15~25元。

沙茶面是闽南风味小吃之一。众所周知，北方面汤注重面的味道，南方则恰好相反，而沙茶面刚好融合了两者的长处，且极具独特味道，汤浓面韧，可谓是"面面俱到"。

沙茶面

沙茶面将本地的面食和南洋的沙嗲相结合，形成了中西合璧的品种，受到很多人的喜爱。其汤头在沙嗲的基础上夹杂着花生酱的香味，浓厚鲜美，面条则多选用碱面，根根独立，不糊，不烂，劲道十足，非常入味。

 其色泽红黄，滋味浓厚，甜辣鲜香，质鲜而稠。

必享由来

早期我国并没有沙茶这种调料。后来厦门实行对外开放，由此引进了许多外来产品，其中就包括沙茶。沙茶原名为沙嗲，但厦门方言的"茶"与普通话的"嗲"谐音，故厦门人直接称其为沙茶。

某日，厦门有位村民不小心把沙茶撒入面中，又不舍得倒掉便继续吃。谁知吃了第一口后发现这样的汤面味道更加鲜美，便将其发扬了下去。

 👍👍👍👍

 较为有名的沙茶面小吃店有厦门思明区中山路的"大中沙茶面"、厦门思明区民族路"乌糖沙茶面"和思明区鼓浪屿鹿礁路"沙茶面"等。

 大中沙茶面小吃店1份15~20元，其他小吃店价位略低。

长汀豆腐干

 必尝美味

居汀州八干之首的长汀豆腐干始于唐朝，尤以制作精细、风味独特而驰名中外。豆腐食品本身营养丰富，对人体健康有很大的帮助，加上长汀豆腐干制作细腻，配料讲究，所以深受人们的喜爱，也是远销国外的著名产品之一。

长汀豆腐干先是选用优质大豆磨成浆，再经过过滤、煮沸等多道工序后，撒上秘制的五香粉、盐和味精腌制，等一段时间后用栀子水染黄，最后用微火烘焙即成。

瞿秋白

必享典故

据记载，西汉刘安门下术士最早发明了豆腐；唐朝时，长汀豆腐干开始出现。明朝朱亮祖曾带兵路过汀州，尝过豆腐干后连连赞赏。清末被调台湾地区的邱洪得因留恋家乡的长汀豆腐干，便请来邱球章为他专做。第二次国内革命战争时期，很多革命志士慕名来长汀品尝。著名烈士瞿秋白在长汀狱中经常吃豆腐干，他曾说："中国的豆腐也是很好吃的东西，世界第一的。"由此可见其对豆腐干的喜爱。

 必品特色

其咸中带甜，嚼劲十足，味美可口，色味俱佳。

 必荐星级 👍👍👍👍

必尝正宗地 ★

以厦门禾祥东路龙岩八大干专卖店所销售的长汀豆腐干最为正宗；其次，厦门海富广场、厦门海沧广场和福州市鼓楼区西洪路"客家正宗长汀豆腐干"小吃店的口味也不错。

 必知一般价格 ★

市面上500克的25~35元。

江西小吃

　　江西小吃作为赣味经典，是中华美食文化中的一朵奇葩。其江南风味浓郁，花样繁多，精致雅丽，蕴含着数千年的文化积淀，各类"文人小吃"、名人佳话历代传承。

　　江西精品小吃主要集中在豫章、浔阳、赣南、饶帮和萍乡等地，以各式糕点、面点为主。其特色享誉国内外，被称为"嘉蔬精稻，擅味八方"。

南昌炒粉

　　南昌炒粉以其粉韧、味鲜而远近驰名。其米粉选用当地稻米，经多道工序制成，具有细嫩、洁白、久炒不碎、久漂不烂的特点。南昌炒粉现已衍生出牛肉炒粉、肥肠炒粉、三鲜炒粉、黄花菜炒粉等多类品种。

　　烹饪南昌炒粉时，需用大火浇油翻炒，放入蒜末、姜末、麻油、咸菜末和辣椒等调料。

南昌八一起义纪念塔

必享由来

　　江西是鱼米之乡，盛产大米。为了粮食的储存，古时南方人便用米浆制成米粉，当做正餐食用。

南昌炒粉香辣细滑，夹杂大米醇香和爆炒后的煎炸香味。

 👍👍👍👍

　　南昌炒粉现已遍布南昌及周边各地，以南昌街边小店的民间手艺最为正宗。

　按搭配食材不同，每盘6~10元。

南昌瓦罐汤

南昌瓦罐汤是南昌特色汤品，至今已有1000多年历史。其妙处在于运用土质陶器，久煨之下味鲜香醇浓，食补性强。

正宗的南昌瓦罐汤采用民间制法，其以土质陶器为瓦罐，精配食材后添加天然泉水；然后将瓦罐放入特制的有一人高的圆形大缸中，缸底以炭火燃烧，缸内六面受热，用160℃煨2~3小时，接着120℃煨2小时左右；最后用文火慢煨，直到汤浓香酥烂。

南昌瓦罐汤品种繁多，有墨鱼肉饼汤、花旗参鸡汤、菜干鸭肾蜜枣汤等。其汤汁浓稠，软烂醇香。

必享由来

南昌瓦罐汤源于江西民间，历千年历史。后人几经研制，博众家精华于一罐，煨汤妙法流传至今。

必荐星级 👍👍👍👍👍

必尝正宗地 ★

南昌街头随处可见大小煨汤店，其中以南昌市西湖区站前西路203号的绳金塔龙老五汤店最享盛名。

必知一般价格 ★

价钱依不同汤品定，每罐5~25元。

贵溪灯芯糕

贵溪灯芯糕是江西贵溪传统小吃，至今已有300余年历史。因其形似灯芯，且能点燃而得名。清朝乾隆皇帝游江南时，偶然品尝了"龙兴铺"灯芯糕，题词赞道："京省驰名，独此一家。"贵溪灯芯糕选用糯米、麻油、蔗糖，配以薄荷、甘草等20多种香料加工而成。其香味独特，具有健胃活血功效。

贵溪灯芯糕糕条柔软紧密，色泽晶润洁白，香飘扑鼻，甜而不腻。

铁拐李

必享典故

明代末年，薛应龙在贵溪县城开了一家专卖糕点的"龙兴铺"作坊。为广开糕点销路，他独出心裁地将当时市场上畅销的"云片糕"制作方式稍作改变——在糕点里添加白糖和优质麻油，将大糕切成细条，取名"灯芯糕"。一天傍晚，八仙之一的铁拐李变为乞丐到"龙兴铺"行乞。薛应龙见天色渐暗，眼前的乞丐衣不御寒，心生慈悲，不但邀请其用膳，还让其在作坊案板上歇宿一夜。当薛应龙和伙计们第二天早晨回作坊时，发现屋内香气扑鼻，沁人肺腑，而老乞丐早已离去。薛应龙随香气寻去，惊讶地发现案板上隐约可辨有个人影印，并留有香料及配制秘方。他猛地想起传闻八仙之一的铁拐李近日云游"龙虎山"。果然，用神仙留下的配制秘方和香料制作出来的灯芯糕不但色泽洁白晶莹，而且十分可口。"龙兴铺"灯芯糕声名远扬后，薛应龙特意请人画出"铁拐李"像，印在包灯芯糕的纸上。

贵溪地区星星糕点厂生产的本善坊系列依旧保持着传统手工制作工艺，在贵溪及周边地区的商场有售。

必荐星级 ★★★★★

必尝正宗地 ★

必知一般价格 ★ 每小盒2元左右。

丰城冻米糖

必尝美味

冻米糖是江西丰城地方传统小吃，以"江南小切"而出名。其经过多道工序加工制成，先将糯米蒸熟，置露天晾晒后下锅翻炒，待其膨化时拌上糖料，然后用刀切份。更有讲究者会添加桂花、芝麻、橘片、红米等，做成色、香、味俱全的糕点。

必品特色 冻米糖外形四角平整，洁白晶亮，口味香甜酥脆，入口即融。

乾隆写字图

必享典故

据记载，丰城冻米糖产于乾隆年间。1756年乾隆下江南，品尝后赞其"脆酥香甜"。丰城人称其为"小切"，新中国成立初改名为"冻米糖"。

必荐星级 ★★★★★

必尝正宗地★

以民族英雄邓子龙的故乡丰城市杜市镇所产的"子龙"牌冻米糖系列最为正宗，现全国各大超市基本有售。

必知一般价格★

每斤30元左右。

南酸枣糕

南酸枣糕是江西南方独有的糕点，又名浓缩果肉糕。其以江西赣州市齐云山独有的野生南酸枣与鸡蛋、蜂蜜等原料结合制成。南酸枣糕含鲜果丰富的营养成分，是纯天然绿色食品，被称为"水果零食"。

南酸枣糕充分保留了天然风味和原始清香，入口由酸而甜，果香浓厚，柔韧滑口。

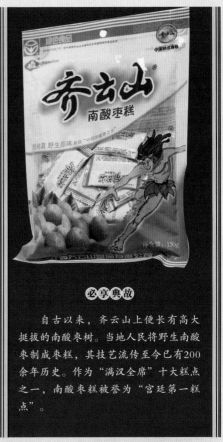

自古以来，齐云山上便长有高大挺拔的南酸枣树。当地人民将野生南酸枣制成枣糕，其技艺流传至今已有200余年历史。作为"满汉全席"十大糕点之一，南酸枣糕被誉为"宫廷第一糕点"。

"齐云山"牌南酸枣糕享誉国内外，在全国各大超市都有出售。

每斤25元左右。

山东小吃

　　山东小吃历史悠久，以风味独特、制作精细而享誉海内外。其口味偏于咸鲜，具有鲜、嫩、香、脆的特色。齐鲁人民常用的烹调技法有30种以上，尤以爆、扒独特专长，并十分讲究清汤和奶汤的调制。

　　因山东省内地理差异大，当地小吃大致形成了三大体系，以济南为中心的鲁中小吃、沿海的胶东小吃、自成体系的孔府官府小吃。来此旅游，千万不可错过这独特的风味美食。

油炸螺丝糕

 必尝美味 　　油炸螺丝糕是济南传统精美小吃，是一种螺旋形蛋糕。其特色在于蛋糕外围裹有面条，且制作时用花生油代替动物油。在制作前要先如制作拉面一般将一块面团拉成数千根极细的面条，然后将拉细的面条绕到圆形的蛋糕上，在滚油中炸至半熟。食用时可切成薄片，撒上少许白糖。

必品特色 **油炸螺丝糕小巧精美，外皮金黄，入口香嫩酥爽，葱香浓郁。**

必赏由来 　　传说油炸螺丝糕是100多年前由徐氏兄弟自南京带到济南的。北方人们喜咸香口味，起初并不喜爱这种来自南方的甜味小吃。后来，徐氏兄弟为了满足当地人的口味，对糕的原料进行了改良，使其香味满溢，咸味适中。改良过的油炸螺丝糕推出市场后大受欢迎，被人们称为"徐氏螺丝糕"。

济南老街芙蓉街

 必荐星级

 必尝正宗地 　　济南泉城中段的芙蓉街、济南大观园、济南经十一路中段的济南美食街有口味正宗的油炸螺丝糕出售。

 必知一般价格 　　按分量大小售价，一般每份5~15元。

油旋儿

油旋儿是济南特色葱油小饼，因形似螺旋而得名。其现已被列入山东省非物质文化遗产。老济南人吃油旋儿颇有讲究，大多是趁热吃，或配米粉、馄饨享用，别有一番滋味。

制作油旋儿的主料是高筋面粉、花生油、葱、猪板油。制作时先把面粉加水和成软面团，把净猪板油、葱末混合成猪油泥；然后把和成的面团分成10个面坯，擀成条，抹上花生油、盐、葱油泥；随即将面向左折起，再抹一层油，再从头卷起，约数十圈后压成饼状；最后将其先放鏊子上烙，然后转到烤炉中烤熟，取出时在饼中央捅过，中空呈层层螺旋状即可。

油旋儿表面金黄，皮酥松散，油香味、葱香味浓厚。

必享由来

清朝时期，有徐氏三兄弟去南方闯荡，从南京学来了油旋儿的制作方法，而后在济南开店。油旋儿来到济南后，口味经历了从"香甜"到"咸香"的改变。1956年济南召开名吃大会，耿长银打制的油旋儿被选为名吃，使其从山东走向了全国。1958年毛主席到济南考察时，特意品尝过耿长银关门弟子苏将林做的油旋儿，大加称赞。如今，苏将林的徒弟卢利华成了济南油旋儿的第三代传人。她对油旋儿做了很多创新，被泉城人亲切地称为"油旋儿西施"。

想品尝正宗口味，可去济南市中区聚丰德饭店及大观园弘春美斋。

每个2.5元左右。

德州扒鸡

德州扒鸡是山东省德州市300年的老字号产品，有"香溢州城"之美誉。其口味鲜咸香嫩，一抖之下骨脱肉烂，故又名五香脱骨扒鸡。早在清朝乾隆年间，德州扒鸡就被列为贡品。现如今已闻名全国，远销海外，自称"天下第一鸡"。

德州扒鸡经过宰杀、整型、烹炸、配料焖煮四步制成。先将鸡宰杀，清洗干净后将鸡双腿盘起，双爪插入腹部，两翅从嘴中交叉而出；然后将饴糖均匀涂抹到鸡身，放入沸油中炸成金黄色捞出，另以花椒、大料、桂皮、丁香等16种配料配制汤；最后将炸好的鸡放入汤内，用旺火煮，微火焖，至鸡酥烂时即可。

德州扒鸡外形别致美观，色泽金黄透红，肉嫩骨酥，有开胃健脾、补肾助消化等功能。

以德州扒鸡集团出品的德州牌德州扒鸡最为正宗，全国各大超市有售。

德州扒鸡

必享典故

康熙三十一年（1692年）的某天，当地制作烧鸡的店主贾健才因有急事外出，忘记锅中煮有烧鸡。当他赶回时发现鸡已煮烂了，无可奈何将其挂在门口。煮烂的鸡香味四溢，引来过路行人竞相购买。其后贾健才反复琢磨，将烧鸡制作工艺改进，于是出现了最原始的扒鸡制法。贾家煮鸡出名后请邻街的马老秀才给"煮鸡"取名。老秀才询问做法，品尝后吟诗称赞："热中一抖骨肉分，异香扑鼻竟袭人，若问老夫伸拇指，入口齿馨长留津。"最后脱口而出："好一个五香脱骨扒鸡呀！"自此才有"扒鸡"之名。民国时期随着当地交通发展，德州扒鸡伴着滚滚铁轮飞向全国各地，其制作、烹饪技艺也有了很大改进，渐渐享誉全国。

★必荐★
星级

必知
一般价格

每只20~78元。

山东煎饼

山东煎饼最早出现在泰山地区，现已是山东最普遍的特色食物。有名的有西河煎饼、曲阜煎饼、济南的糖酥煎饼等。山东煎饼按原料分为米面煎饼、豆面煎饼、高粱面煎饼等，按口味不同分咸煎饼、酸煎饼、五香煎饼等。吃煎饼时可以卷入各式菜肴，最有名的当属煎饼卷大葱。

普通煎饼制作方式简单，将面粉调成糊状，用竹片把面糊均匀摊开在鏊子上，当面糊周边自动卷起时揭起来即可。山东煎饼含有多种谷物营养，食用方便且易保存。

山东煎饼一般呈圆形牛皮状，疏松多孔，有厚有薄，可折叠。其水分少，口感筋道，松酥爽口，香飘四方，卷上蔬菜肉类或山珍海味后别具风味。

 👍👍👍👍👍

 每斤3~10元。

 山东煎饼遍布山东大街小巷，现在全国其他地方也能吃到。

孙权

必享典故

赤壁大战前，孙权在东吴设宴款待诸葛亮，宴席上南北菜肴皆有，甚是丰富。开宴进行中，周瑜将江东各色佳肴摆放到孙权面前，以示固守江东之意。诸葛亮笑着望向孙权，命侍从取来煎饼，将其余菜肴一一卷入饼中食用。周瑜惊问："先生欲席卷天下乎？"诸葛亮手摇羽扇，摇头道："江东独存。"孙权也取来煎饼，将川菜以外的菜卷入饼中食用。两人会意欢笑。其后双方联合，大败曹军。赤壁大战后刘备霸着荆州迟迟不还，孙权很是恼火，派诸葛瑾前去讨要。刘备担心诸葛亮碍于情面，不好作答，便让关羽去迎见使者，并送煎饼和糯米粥给关羽。关羽收到后立刻明白主公"兼并荆州"的用意，便逐回诸葛瑾，死占荆州不还。

周村烧饼

周村烧饼，因产于山东省淄博市周村而得名。其以"酥、香、薄、脆"为特色，因薄如秋叶，在风中可唰唰作响，又被称为"呱啦叶子"烧饼。文人雅士曾赞誉其"形如满月，落地珠散玉碎，入口回味无穷"。周村烧饼现已有五香、奶油、海鲜、麻辣等多种口味。

其以小麦粉、白砂糖、芝麻仁为主原料，经过配方、延展成形、着麻、贴饼、烘烤多道工序制成。先在面粉中加入水和精盐和成软面，搓成长条后掐出一个个剂子；接着将剂子揉成圆形，逐个蘸水放瓷墩上压扁，向外延展成圆形薄饼片后使其一面黏满芝麻；最后将芝麻饼坯贴在挂炉壁上烘烤即可。如要制甜酥烧饼，可把盐换成白糖。周村烧饼具有不油腻、久藏不变味的特点，营养丰富，老少皆宜。

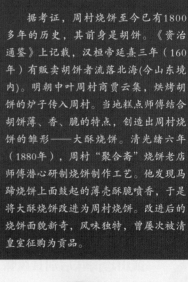

周村烧饼博物馆

必享由来

据考证，周村烧饼至今已有1800多年的历史，其前身是胡饼。《资治通鉴》上记载，汉桓帝延熹三年（160年）有贩卖胡饼者流落北海（今山东境内）。明朝中叶周村商贾云集，烘烤胡饼的炉子传入周村。当地糕点师傅结合胡饼薄、香、脆的特点，创造出周村烧饼的雏形——大酥烧饼。清光绪六年（1880年），周村"聚合斋"烧饼老店师傅潜心研制烧饼制作工艺。他发现马蹄烧饼上面鼓起的薄壳酥脆喷香，于是将大酥烧饼改进为周村烧饼。改进后的烧饼面貌新奇，风味独特，曾屡次被清皇室征购为贡品。

周村烧饼呈金黄色圆形，正面满布芝麻，反面酥孔罗列，入口一咬即碎，香满口腹。

必荐星级

山东周村烧饼有限公司生产的周村牌烧饼最为正宗，全国各地商场基本有售。

必知一般价格 每斤28元左右。

孔府糕点

必尝美味

孔府糕点又名圣府糕点，是曲阜孔府内世代相传、独具风味的自制糕点。古时孔府糕点专为皇宫贵族享用，新中国成立后才开始对外推广。其分外用糕点与内用糕点两类。外用糕点主要作进贡及馈赠之用，以枣煎饼和缠手酥为主。内用糕点又有常年糕点、应时糕点、到门糕点、节用糕点之别。

孔府糕点营养丰富，天然健康。更为有趣的是，品尝孔府各式糕点需配以各式汤。孔府糕点选料讲究，造型华丽。进贡的孔府糕点以枣煎饼为例，选用红枣、芝麻、小米为主要原料，将大枣煮熟去皮、核后和成糊，用煎饼鏊子制成煎饼。

必享典故

孔府糕点是孔府自制的糕点，历史悠久，自成体系。古时每年逢喜庆大典，孔府都要向皇宫进贡贺礼，其中就常有孔府糕点。清光绪二十年（1894年）慈禧六十寿辰，"衍圣公"孔令贻与其母亲、妻子进宫祝贺。慈禧在早膳中享用了孔府糕点，开心之余亲自召见并赏赐他们很多物品。

必品特色

孔府糕点色香味形俱佳。其花色艳丽丰富，令人赏心悦目；内馅甜软清馨，外皮香脆可口；制作精巧，图案美观、逼真，十分惹人喜爱。

必荐星级 👍👍👍👍👍

必尝正宗地

可到山东曲阜地区购买正宗的孔府糕点。

必知一般价格

200克的每份10～15元。

临沂糁

糁又名肉粥，是山东临沂一带传统名吃。其被誉为"粥中极品"，是古代皇宫中药膳的一种。糁分为黑糁和白糁两类，有牛肉糁、羊肉糁、鸡肉糁三种，以羊肉糁最为普遍。

其以母鸡肉，或牛肉、羊肉、麦米、面粉为主要原料，制作工艺精细复杂。以制作鸡肉糁为例，在甑中加入鸡和麦米，猛火熬煮3至4小时；鸡煮熟时捞出，放入葱、姜、盐、黑（白）胡椒粉、五香等料；开锅后，将糊状面粉放入甑内，待其再次开锅即成。有的糁还加进了砂仁、公丁香、陈皮、肉桂等药料，营养丰富，有祛风驱寒、开胃止呕等功效。

饮用糁时放入肉丝，点上少许酱油和醋，入口鲜香辣，回味无穷。

王羲之

必享典故

传闻东晋时，一对外地夫妇逃荒到临沂，生活穷困潦倒。大书法家王羲之心怀怜悯，经常接济他们。夫妇二人很是感动，却无以为报。一天，夫妻二人听闻王羲之病了，便将家中唯一的一只母鸡杀了，加入一些普通中草药准备做药汤。他们本想把鸡炖烂一些，没想到看火的丈夫睡着了，汤熬了一整夜变得黑乎乎。妻子无可奈何，只好把煮煳的鸡汤送给王羲之。王羲之看见送来的黑色鸡汤，不好意思拂了夫妻二人的好意，便让人盛了一碗品尝。谁知，他喝后顿觉神清气爽，一时兴起，提笔一挥写下"米参"二字，也就是如今的"糁"。

必荐星级 ✦✦✦✦✦

临沂城人民广场南关（市中心东侧200米）的于家糁馆所制的糁名气最大。其次为山东各地开设的临沂糁汤连锁店。

每碗10元左右。

烟台焖子

必尝美味

烟台焖子是山东烟台地方特色小吃。早年间当地满街都有焖子摊儿，到了20世纪90年代中期，烟台焖子开始进入大酒店，增加了海鲜焖子、三鲜焖子等品种。

传统的烟台焖子制法简单，先按1：6的比例将地瓜淀粉与水混合，撒入少量食盐放入锅中用中火煮，煮时需不停搅拌；待锅中液体变为半透明青绿色时将其倒入容器中晾凉结冻；最后将凉粉切成小方块，放入平锅中用油煎熟。盛碗时佐以虾油、芝麻酱、蒜汁等调料即可。

必品特色

烟台焖子爽滑可口，风味独特，品后其香鲜味一发而不可收，让人胃口大开。

必享典故

20世纪30年代，烟台芝罘东口村有一门氏以出海打鱼和卖凉粉为生。他妻子觉得把没卖完的凉粉倒了可惜，于是将其切成小块放在锅里煎着当饭吃。随着时间的推移，她发现在煎的凉粉上放一点鱼汤，味道非常鲜美。门氏的儿子也突发奇想，又将炒好的花生米捣碎后掺进凉粉里，就着大蒜吃。特制的凉粉口味独特，全家人百吃不厌。后来，门氏家人开始售卖这种特制凉粉，生意红火。门氏渔民用自己的姓将其命名为"门子"，后思议再三，想到它是用火煎成，遂又改为"焖子"。

烟台蓬莱水城城楼

必荐星级 👍👍👍👍

必知一般价格★

价格高低则取决于搭配的菜、海鲜，每份5~30元。

必尝正宗地★

烟台莱州城里东头，北河街路口的焖子店、鲁东大学旁边的小市场都有口味正宗的焖子出售。现烟台各大酒店也有制作。

利津水煎包

东营

利津水煎包是山东省东营市传统面食，迄今已有100多年的历史。美食家古清生先生在品尝利津水煎包后专写美文赞道："其特色在于兼得水煮油煎之妙，色泽金黄，一面焦脆，三面嫩软，馅多皮薄，香而不腻，酥而不硬，色味俱全，堪称面食之佳品。"

利津水煎包经煮、蒸、煎三道工序制成。先发面，另用韭菜、猪肉、虾仁等作馅；将包子捏成圆柱状，包口朝下搁置于平锅中；将调好的面浆水均匀浇入锅中，淹至水煎包顶端，用猛火煮；当浆水剩三分之一时，用长柄铲子将包子逐个翻个，改文火细烤；汤汁收尽后，用细嘴油壶绕水煎包根底注入豆油、麻油，当包子起焦壳时即可起锅。

利津水煎包品尝时，要用筷子将其拦腰夹起，先咬水煎包上端，面泡松柔软，继续往下吃，醇厚的猪肉香和辛辣的葱味开始绕舌回环，悠然绵长，品尝到最后，包子底部一半绵软，一半焦脆，散发出焦香。

必享典故

利津水煎包始于清代，扬名于民国年间。早在清朝光绪年间，利津县城及周边各大集镇就有很多制作水煎包的店铺。当时有名的属盐窝镇尚家村制作的水煎包。民国五年（1916年），县城西街的卖水户刘明远、刘凤刚父子在利津县城办起了水煎包专营小店——茂盛馆，并请来了盐窝镇的水煎包师傅尚乐安为主厨。茂盛馆的水煎包经过不断改进，达到了色味俱佳的水平，吸引了众多顾客。当时有一句广为流传的顺口溜："刘凤刚开了张，别处的水煎包不吃香。"从此以后，利津县城的水煎包工艺不断发展，形成了独特风格。

每个1元左右。

山东省东营市利津地区有正宗的利津水煎包出售。

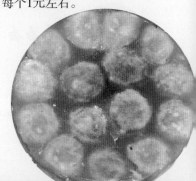

曲阜熏豆腐

 必尝美味

曲阜熏豆腐又名孔府熏豆腐，是山东省曲阜市风味小吃。不仅当地人爱吃熏豆腐，外地人吃过后也都百尝不厌。其制作方式简单，将白豆腐切成5厘米左右、厚1厘米的方块，放在铁箅子上用松、柏等木锯末熏烤，待其面呈棕黄色、泛起油光即成。

熏豆腐可炖、凉拌，或切成薄片加辣椒炒制。最正宗的吃法是曲阜当地的"五香油辣熏豆腐锅"。将熏豆腐与肉块放入铁锅内，加水后拌入辣椒、茴香、花椒等作料炖煮。

 必品特色

曲阜熏豆腐表层结实呈棕黄色，里面细白鲜嫩，吃起来带有浓郁的木香。

必荐星级 👍👍👍👍👍

 必尝正宗地 ★

目前在曲阜的大小饭店、小吃摊上都能吃到这种熏豆腐，做得最正宗的属曲阜老东门外的一家。

孔子

必享典故

民间有一个关于熏豆腐由来的传说。古时孔府有许多佃户，其中有一家是住在城东北书院村的韩氏豆腐户。韩家世代每天都给孔府送豆腐，到清代乾隆年间韩家两兄弟也依旧继承这一传统。有一年遇到连阴天，韩老二将没卖完的豆腐切成小块摆在秸秆帘子上摊晾。不料家中失火，晾豆腐的帘子也被烧着了，豆腐块被烤煳熏黄。韩老二舍不得扔掉那些豆腐，将它们放在盐水中煮着吃，觉得味道挺不错，于是他便将一些熏烤过的豆腐送给孔府衍圣公。孔府厨师在炖豆腐时放入了花椒、辣椒粉、桂皮等料。衍圣公品尝后感觉它滋味非常鲜美，将熏豆腐专设为孔府的一道美味佳点。后来熏豆腐逐渐在民间流传，成为曲阜独具特色的风味小吃。

 必知一般价格 ★

每份15元左右。

潍都肉火烧

必尝美味

潍都肉火烧是山东潍坊传统小吃。其呈碗口大小，圆滚饱满，略扁平，表面薄薄的一层皮由好几层更薄的皮组成。

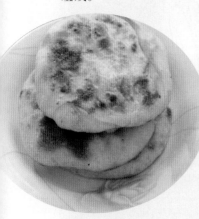

肉火烧由传统的炉烤制而成，制作手艺精良。先用花椒水将切碎的五花肉腌渍入味，放入大葱、姜、海米、木耳等拌成肉馅；然后用手将软面团拉长，压平，抹上油酥浆后卷成火烧剂子，包上肉馅做成圆形火烧坯；最后放在鏊子上进行"火烧"加工，待两面定形时转入炉内烘烤，大约10分钟即成。

必品特色

刚出炉的火烧色泽金黄，咬一口，外层焦脆的面皮咯咯作响，肉香、葱香、面香浓郁。

必荐星级 🌶🌶🌶

必尝正宗地

必知一般价格 每个2~5元。

潍坊纪念碑

必享由来

潍坊的火烧历史悠久，《资治通鉴》中记载东汉时期就有一名叫赵岐的人流落北海（即潍坊），以卖烧饼为生。清朝时期潍县有很多农民利用农闲时进城叫卖烧饼。因他们用木杠子压面，面很硬，人们称这种烧饼为"乡火烧"、"杠子头"。后来火烧铺子在城内出现，火烧的品种也日益增多，出现了砍火烧、梭火烧、瓢子火烧、芝麻火烧等。清末民初肉火烧应运而生，当时被称为花椒肉火烧。其制作工艺一直发展，成了如今的潍都肉火烧。

最正宗的是潍坊的老城隍庙肉火烧，位于山东潍坊北门大街向北100米路西的胡同里。现很多地方都有分店"老潍县肉火烧"。

河南小吃

河南地处中原，历史悠久，民众勤劳，农业发达，物产丰富。其小吃品种繁多，物美价廉，各市县各有特色，以开封的包子、郑州的烩面、洛阳的汤最为出名。

郑州烩面

烩面是河南人喜欢吃的面食之一，以郑州烩面、尉氏烩面最为有名。烩面的基本做法是先用羊肉与配料熬制成汤，再将薄面片拉成长条，下汤锅煮熟，捞出放入大碗中，加入羊肉片、海菜丝、豆腐丝、粉条、香菜、芝麻酱，最后加入一勺羊肉汤即成。按自己口味加盐和羊油熬制的辣椒油享用，味道更佳。

必享由来

据传河南烩面是从西安泡馍中演变过来的。清朝时西安泡馍传到河南，河南人把馍换成面，就演变成了烩面。

汤白如牛奶，味道鲜美，面滑筋韧，一碗面入腹，汗滴如豆，酣畅淋漓。

以郑州人民路上的合记烩面、郑州市体育馆对面的萧记烩面、桐柏路上的裕丰园烩面，开封市省府后街老五砂锅烩面，尉氏县西关南路东侧铁路北侧建功烩面和杨记烩面最为正宗。

必荐星级

必知一般价格

一碗8~15元，分大小碗，送一块锅盔。

逍遥镇胡辣汤

朱厚熜

必尝美味

逍遥镇胡辣汤是"中华名小吃"、"河南十大名吃"、河南老字号，因兴起于河南省周口市西华县逍遥镇，故名逍遥镇胡辣汤。

此汤是以小麦面粉、熟牛羊肉为主，配以10多种名贵中药材，佐以砂仁、花椒、胡椒、桂皮、白芷、山奈、甘草、木香、豆蔻、草果、良姜、大茴、小茴、丁香等调料熬制而成，食用时加适量的香油、陈醋，美味可口，有开胃健脾、祛风驱寒、清热解毒、提神醒目、利尿通淋、活血壮骨、滋补理气的功效。其配方秘制，不外传。因名气大，市面上仿制的很多，但因配方不济，或不舍得下配料，或没下够功夫，故味道千差万别，很难喝到正宗的逍遥胡辣汤。

必品特色

其色泽黄红透明，香、辣、酸、鲜，能理气，营养好。

必荐星级

👍👍👍👍👍

必尝正宗地

以郑州市金水区政四街经二路口西华县逍遥镇胡辣汤店、紫荆山路顺河路侧方中山逍遥镇胡辣汤店（清真）、洛阳市涧西区上海市场刘国芳胡辣汤（清真）最为正宗。

必知一般价格

一碗6~10元。

必享典故

明世宗朱厚熜迷信方士，好丹药长生之术，派人到处采集灵芝仙药，并让方士们炼制丹药供他服用。嘉靖二十一年（1542年），发生宫女弑君案后，侥幸不死的朱厚熜便搬到西苑居住，日日求仙，不问政事。首辅严嵩为讨皇帝欢心，从一高僧处寻得一种助寿延年的调品秘方，献给朱厚熜。经御厨烧汤试饮，效果很好，遂有"御汤"之名。明末大乱，御厨赵纪逃出京城，途经西华县逍遥镇，见此地东有沙河，西有颍河，乃地灵水秀之地，遂隐居于此。胡辣汤的秘方一直由赵家秘传，不为外人所知。

民国时期，赵氏胡辣汤的掌门染上了"大烟瘾"，将家底挥霍一空，被家人撵出家，流落街头。后因逍遥胡氏对其有恩，遂将此秘方授予胡氏。因此汤香辣味美，并为胡氏专营，后慢慢被当地老百姓传称为"胡辣汤"。

开封灌汤包

开封灌汤包是河南的著名美食，在国内很有名气，以第一楼包子馆和黄家包子馆为正宗。其包子有猪肉的、羊肉的、牛肉的、素的好多种，以猪肉包子最好吃。

民国十一年（1922年）包子铺学徒黄继善在山货店街开设"第一楼包子馆"，主营灌汤包子，很有名气。1956年改为公私合营。

第一楼包子采用猪后腿的瘦肉为馅，剁到拉馅成丝为止；以精面粉为皮，大火蒸制而成，外形美观，很受食客青睐。吃包子也有讲究，方法是："轻轻提，慢慢移，先咬一小口放热气，再喝汤，一口吃，满口香。"第一次吃开封灌汤包子的人，若大口吃，往往会被里面的汤烫着。

开封灌汤包子皮薄馅大，色白筋柔，灌汤稠而不腻，不溢不流，旋蒸旋吃，鲜香有味。

必享典故

包子本名馒头，相传是三国时诸葛亮所创。当时南蛮有猎杀人头以祭祀之俗。诸葛亮用面皮裹肉做成人头形，代替真人头用于祭祀，以改风易俗。唐朝时馒头已很流行，长安人称之为笼饼。宋朝时开封的太学馒头很有名，是馈赠的佳品。而且宋朝时已有包子之称。

开封第一楼门前狮子

开封市鼓楼区寺后街西头第一楼(0378-5998655 5998688)、滨河路西头西郊商场再往西500米路南黄家包子老店(0378-3972768)。在开封另有八家黄家包子分店，两家第一楼分店。

第一楼的包子较贵，根据馅的不同，一笼15~40元不等。黄家包子价格比第一楼包子的低，一笼10个，虾仁包子一笼20元，猪肉包子一笼15元，另有羊肉的、牛肉的、素的，价格不一。

开封杞县红薯泥

开封杞县红薯泥被外地食客称为开封第一美食，最早出现于清朝。它选用本地产的优质红薯，煮熟，剥去外皮，扯去薯内丝，用干净的白纱布包裹，压成薯泥，然后在锅内加入小麻香油，加热，加少许白糖、红糖或冰糖，再放入红薯泥，不断搅拌，断续加糖，炒至呈柿红泥状，再加山楂丁、玫瑰、桂花糖、青红丝、少量蜜饯，然后出锅入盘。此食极热，不可吞食，要用小勺取一点吹吹再吃。第一次吃的人多数会烫到嘴。

开封地区多沙地，盛产红薯、白薯，当地人好吃红薯，久之创制了红薯泥，以杞县大同饭庄的最为有名。

此菜味道甘甜，营养丰富，色泽鲜艳，爽口开胃，有"三不沾"的特点：不沾盘、不沾勺、不沾嘴。

必荐星级 👍👍👍👍👍

必尝正宗地 以开封鼓楼夜市、开封稻香居、开封第一楼的最为正宗。

必知一般价格 开封鼓楼夜市的约6元一份；其他店里价格略高，开封第一楼的20～30元。

第一楼餐纸

必享典故

杞县红薯泥不仅味美，还是道爱国菜。传说在清朝末期，钦差大臣林则徐南下广州查禁鸦片时，几位外国公使请其吃饭。饭菜中有一道冰激凌，还冒着白汽。林则徐没有吃过，见其冒白汽，以为很热，吹了又吹，一时不敢入口，惹得外国公使哄堂大笑。这事一直让林则徐耿耿于怀。后来在北京皇宫的赐宴上，有一道杞县红薯泥，不冒烟，好像是冷食，他正准备下勺，同僚已抢了先，结果被烫得直咧嘴。

后来，林则徐在前往伊犁的途中路经河南，正碰上接待那几位外国公使，他把杞县大同饭庄名厨蒋思奇接到开封，只为做红薯泥。宴席上，等红薯泥一上桌，林则徐便说："各位请用汤匙食用。"这些外国人一看此物不冒热气，也以为是冷食，一汤匙入口，烫得张口吐舌，眼泪直流。这些公使才知上了林则徐的当。

开封炒凉粉

必尝美味　　开封有很多美食，即使是普通原料也能做出美味来，炒凉粉就是一例。此菜用本地产的白薯凉粉和瓜豆酱、葱、姜混合，加油炒制而成，色泽焦黄，香味很浓，为开封美食之一。由于佐料瓜豆酱仅开封至郑州东一带有，所以也只有开封有瓜豆酱炒凉粉。根据个人喜好，也有另加肉炒制的，味道及营养皆不错。

必品特色　　**焦而不煳，热香鲜嫩，可单菜吃，也可夹在热烧饼里吃，不仅香美，还能管饱。**

必享典故

古时有"二月二吃炒豆，吃凉粉"之说。南宋孟元老的《东京梦华录》记载，在北宋京城开封的巷陌市井，杂卖有"细索凉粉"。那些小贩经常在小巷里悠长地吆喝："打凉粉喽，凉粉管炒！"实为一道不错的风景。开封炒凉粉主要原料是淀粉和水，几乎不含脂肪，富含维生素，最宜当减肥消暑的食品。

必荐星级　👍👍👍👍👍

必尝正宗地　★

开封鼓楼街夜市、鼓楼街东段小虎炒凉粉、西司广场小虎炒凉粉、曹门南解放路东侧理事厅街南侧小随炒凉粉。

必知一般价格　★

小摊小店每份3~6元。

洛阳水席

　　洛阳水席是洛阳一带特有的传统美食，源于唐朝时佛寺的素宴。现在的水席以素为主，有一些荤菜。水席全席二十四道菜，上菜章法有序，毫不紊乱。

　　水席一名有两层含义，一是水席汤水多，每道热菜都有汤水佐味，菜汤交替食用，能理顺肠胃；二是热菜吃完一道，撤后再上一道，如流水一样。

洛阳水席

必享典故

　　武则天时，洛阳东关下园长出一个三尺高的大萝卜，被地方官当做是祥瑞之兆，于是将大萝卜进贡到皇宫。女皇见此大萝卜很是高兴，嘱御厨烹制。但普通萝卜能做几样菜呢？御厨模仿寺院里的素宴，以萝卜为主，配以山珍海味，做成凉萝卜丝、炒萝卜、煮萝卜、蒸萝卜、萝卜丝片汤等，味道清爽，令武则天大为赞赏，将其中一道有燕窝风味的萝卜菜赐名为"假燕窝"。从此这种菜出了名，皇亲大臣、庶民百姓竞相仿制。后来逐渐形成了一套完整的席面，以"酸辣味殊，清爽利口"的风味为人称道。因当地官府宴席多用这种宴席，故又称官场席。

　　洛阳水席有荤有素、选料广泛、味道多样，酸、辣、甜、咸俱全，清爽可口，宴席上总能找到合口的菜。

　　高档水席在1200元以上，低档水席约在350~500元之间，适合8~12人一起享用。三档之中以中低档为正宗水席。

　　洛阳老城区老集后面的老街有很多小型水席店，味道正宗，价格实惠，平均每人10~20元。最正宗的要数真不同水席园、耀耀水席园、宾湖酒家、洛阳酒家。高档水席去洛阳宾馆、洛阳旋宫大厦。

洛阳浆面条

浆面条，又名粉浆面条、浆饭，是洛阳人的家常饭食，也是中华名小吃之一，在洛阳大小街道的餐馆中都有供应。浆

面条的主料是面条，煮面用酸浆水。做酸浆要预先把绿豆或黑豆用水浸泡，膨胀后磨成粗浆，用细纱布过滤去渣，浆水盛入盆中或罐里，过一两天，浆水就会发酵变酸。煮面时先把酸浆倒在锅里，煮至80℃时，表层会泛起一层白沫。这时，要滴入几滴香油，用勺轻轻打浆。切不可让沫溢出，不然汤面无味。待浆沫消去后，浆就变得细腻光滑，再放入香油、五香粉等调料。浆水煮沸时，把手擀面条下锅，加少许面糊，再放入盐、葱、姜、菜叶、芹菜、芝麻、辣椒和已煮熟的花生、黄豆等。至全熟时，香气四溢的浆面条就做成了。

刘秀

必享典故

洛阳浆面条历史悠久，传说首创于西汉末年。当时刘秀被王莽的军队追杀，疲于奔命。一天，正当他饥肠辘辘的时候，看见一个磨浆房，就进去想找点吃的。可房里没有人，也没有食物，只有一把干面条，缸里还有一点已发酸的绿豆磨的浆水。由于饥饿难忍，刘秀便往锅里舀了几瓢酸浆，煮开后，把干面条下锅。等面条煮熟了，一开锅盖，一股泛着淡淡酸气的香风扑面，令人流涎。于是他一口气吃了个精光。食后仍觉得意犹未尽，有无穷的回味。后来刘秀当了皇帝，定都洛阳，虽然在宫中有享不尽的美食，但还挂念着当年那有特别滋味的浆水面条。于是他下令在御宴中加入浆面条，为主食之一。从此，浆面条就流行开来。

浆面条飘香诱人，闻着有点酸，入口却不酸，食后反而回味无穷，久久不能相忘。

必荐星级 👍👍👍👍👍

以中州东路369号真不同饭店、王城大道中州路口的老洛阳面馆（王城大道店）、涧西区丽春西路近银川路侧的老洛阳面馆（丽春路店）最为正宗。

一碗6~7元。

不翻儿饼与不翻汤

不翻儿，是洛阳的一种薄饼。其做法一般是在大勺里放盐、花椒粉、葱花等调料，加玉米面或黄豆面、绿豆面、小麦面，加水和成面糊，将特制的平底锅烧热，抹油，将面糊在平底锅里摊匀，调成小火，盖上严丝合缝的厚盖子，不用翻，饼就焖制熟了。熟后用锅铲将饼铲出，放到馍筐里。因为做时不翻饼，一面焦黄，故名不翻儿。

不翻汤，又名"九府门不翻汤"，是将两张薄的不翻儿饼叠着放在碗里，放些粉条、黄花菜、木耳、海带、虾皮、紫菜、韭菜、醋、酱油、胡椒粉、食盐，再舀入滚烫的猪骨头汤做成。这个汤酸辣咸香，醒酒开胃，一般在下午和晚上卖，是洛阳本地人吃夜宵的首选。

不翻儿饼薄如锡纸，圆如满月，饼色金黄，几可透明。不翻汤酸辣利口，油而不腻，味道纯正。

康熙读书图

必享典故

相传康熙到洛阳暗访民情，走到栾川大青沟时，又饥又渴，看到一位老妇人正在烙饼，便上前要饼吃。妇人说："饼还没有翻，等一会儿。"康熙说："不翻，也能吃。"他抓起便吃。后来店家知道是康熙皇帝"赐名"，便将这种饼命名为"不翻"。

另有说"不翻"之名起于黄河孟津小浪底附近。未修小浪底水利枢纽工程以前，这里风高浪急，经常发生翻船事故，是黄河中游行船最危险的一段。因此，当地有许多忌讳，比如吃鱼时不能翻，把鱼头和脊骨拿去，再吃下面的肉；不准把水瓢扣着放；忌说翻、霉等词。当然，煎饼也不能翻，以求吉利，以祝不翻船出事。久之成俗，都称这种饼为不翻儿。

必荐星级 ★★★★★

必知一般价格 ★

一碗3~5元，加不翻儿饼共需8~10元。

必尝正宗地 ★

以老城区乡范街北头勇东街上刘记不翻汤馆、民主街西北路口下午5点才出摊的老李家不翻汤最为正宗。

新野臊子

新野臊子又称三国臊子，是以新鲜牛羊肉为主料，配以大料、花椒等多种调味料，采用特殊工艺制成的风味小吃，因起源于新野县而得名。其做法是把肥瘦适中的嫩牛肉或者羊肉切成小方丁，放入热油锅炒，至肉块定形后，兑入油炸红辣椒粉、精盐、大料、花椒、良姜、桂皮、砂仁、豆蔻等调料，以文火煎熟，待肉丁着色均匀呈枣红色时，离火降温。

新野臊子可以单独食用，也可当做卤，浇于面食上，十分出味；还能与蔬菜一起炒，素菜荤味，口感甚佳。新野臊子另一个奇特之处是不需冷藏可存放一年以上，经夏不腐。

味道鲜美，肥而不腻，辣而不辛，咸而不涩，色如玛瑙，晶莹悦目。

必享典故

据史书记载，在公元201年到208年，刘备任职新野。一天，其军队正在休息进食，忽闻得一股奇香，就纷纷寻找香味的来源。原来是伙夫不小心将调料、油料都翻进了炖肉的锅内，调料受煮飘香所致。军士用勺舀了些一尝，鲜味至极，不由得连声称赞。不一会儿，勺内之汤和肉便冷却成了块状。诸葛亮知道后，遂研究试制臊子，作为战时军用食品。后来这种做法流入民间，代代相传。时至今日，新野臊子仍很受欢迎，曾在河南省地方风味小吃展览会上获得金奖。

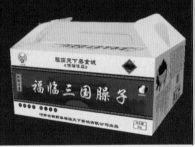

必荐星级 👍👍👍👍

必尝正宗地

以福临三国臊子最为有名，各商场均有销售。

必知一般价格

一袋250克的新野臊子约25元。

湖北小吃

"芝麻馓子叫凄凉，巷口鸣锣卖小糖，水饺汤圆猪血担，深夜还有满街梆。"这是古时湖北小吃街的繁荣景象。湖北小吃种类繁多，口味独特，多以米、面、豆、藕制成，有着浓郁的鱼米风情和鲜明的楚国文化特点，如武汉热干面、老通城三鲜豆皮、孝感米酒、四季美汤包等。

湖北小吃主要由武汉小吃、襄阳小吃、荆沙小吃组成。其因时而异，四季更替，春有春卷、汤圆；夏有凉粉、豆腐脑；秋有面窝、东坡饼；冬有醪糟、糍粑，一路美食让游客流连忘返，无肚能容。

武汉热干面

必尝美味 武汉热干面是武汉特色"过早"小吃，中国五大名面之一。在制作工艺上热干面不同于凉面和汤面，其面条要经过煮熟、冷却、过油、拌料四个过程。芝麻酱和芝麻油是其必不可少的调料。根据个人喜好还可以加辣椒红油、萝卜干、酸豆角等。品尝时就着一碗蛋酒或豆浆，其味更是香浓，让人食欲大增。其种类有全料热干面、牛肉热干面、牛肚热干面、炸酱热干面、虾仁热干面。

必品特色 武汉热干面色泽黄而油亮，面条筋道爽滑，酱香浓郁，甜中带麻，麻中有辣。

必享典故
相传1920年汉口长堤街有个食贩李包，在关帝庙经营凉粉和汤面生意。武汉夏季异常炎热，某天他将没卖完的面条煮熟晾在桌上，以防其发馊变质，但不小心碰倒了桌上的油壶，面条被麻油浸透。李包只好将面条与油拌匀后重新晾放。次日早晨，李包将"麻油面条"放锅中煮熟，拌上汤面用的调料后香味特异。人们觉其味道鲜美独特，纷纷购买。从此他就专卖这种面，取名为"热干面"。几年后，"蔡林记"热干面面馆在武汉开设，逐渐成为经营热干面的名店。"热干面"也改名为"武汉热干面"。

蔡林记牛肉热干面

必荐星级 ★★★★★

必尝正宗地 武汉街头到处可见经营热干面的早点铺，其中以户部巷的"蔡林记"热干面（027-88841196 88841686 http://www.whclj.cn）最为出名，其分店遍布武汉各区。

必知一般价格 全料热干面（素）每碗3.5~4元，牛肉、牛肚、虾仁等热干面每碗9~16元不等。

三鲜豆皮

 必尝·美味　三鲜豆皮是武汉传统民间小吃，曾荣获中国饮食行业的最高荣誉"金鼎奖"。其以绿豆、米浆、糯米为主原料，以鲜肉、鲜菇和鲜笋作"三鲜"。在制作过程中讲究"皮薄、浆清、火功正"，煎出的豆皮油而不腻、外脆内软。

必品·特色　三鲜豆皮色黄而亮、形方而薄、味香而醉，入口酥松嫩香。

必享典故

　　湖北百姓历来喜欢用米、豆混合磨浆调制食物。20世纪20年代，有个叫曾厚诚的在汉口大智路经营一家饭馆。因店铺靠近城门，他取店名为"通城饭店"，寓意"出了饭店，就可以进城"。抗日战争爆发时饭店停业，战争结束后曾厚诚重新经营。店名改为"老通城"，专营豆皮和莲子羹生意。新中国成立后，"豆皮大王"高金安、"豆皮二王"曾焱林接手老通城。店中所制豆皮美味异常，名声大振。外地游客来汉口必要来此店一尝为快。

 必荐星级　👍👍👍👍👍

 必尝正宗地★

武汉市中山大道"老通城"（15902709602）的三鲜豆皮历史最为悠久，也最为正宗。其次可到武汉户部巷小吃街品尝。

 必知一般价格★

每份5元左右。

楚味鸭颈

　　楚味鸭颈诞生于武汉市汉口区精武路，又名精武鸭脖、九九鸭脖。其融合了四川麻辣特色与武汉当地风味，以香辣刺激、嚼劲十足而被大众喜爱。

　　其制作时，先用姜块、盐、料酒等将鸭颈腌制；再放入沸水中煮熟；最后用干辣椒、八角、油等料制成辣味卤汁，将鸭颈卤制即可。

　　楚味鸭颈奇香剧辣，香味独特，一经品后让人回味无穷，欲罢不能。

必荐星级　👍👍👍👍👍

必享典故

　　传闻战国时期楚王率军出征。一天傍晚其军队路过汉中某个湖泊时，只见湖上群鸭飞渡，景象煞是壮观。士兵们经过几天的长途跋涉正好肚中空空，见到野味后大为欢喜。在得到楚王的允许后他们急忙下湖捕抓，将抓来的鸭子烤熟美餐了一顿。几天后见还有很多鸭没吃完，军中有一人便使用秘方将鸭脖酿成美味。楚王和士兵们尝后赞不绝口。楚军得到美食后神勇无比，战事连连告捷。数千年后，楚军制作鸭脖的秘方已经失传。汉口人士汤腊九一日与好友谈及此事，扼腕叹息。他决定翻阅古籍寻求秘方，终于在数年后研制出独家酿制方式。汤腊九所制鸭脖自成风格，被众人喜爱。因其名字中带有"九"字，便将所制鸭脖取名为"九九鸭脖"。

必尝正宗地　武汉各地有"精武鸭脖"连锁店，所售楚味鸭颈口味最正宗。分店地址：江汉区解放大道1749号（15872397930）、江汉区新华路213号、武昌区丁字桥南路58号附20号等。

必知一般价格　每根5元左右。

麻烘糕

　　麻烘糕是湖北传统糕点，是当地品茶待客馈赠亲友的佳品。其以糯米、黑芝麻、桂花为主原料制成，第一步为"胀糖"，将小麻油和白糖搓匀后放入木槽中；第二步是"擦糕"，加入糕粉与糖拌和到手感柔和时过筛；第三步为"炖糕"，加入芝麻和桂花混合均匀，放入箱内存放一天；最后切片、烘烤即可。

必享由来

　　麻烘糕最初源自武汉市青山镇，早在清末即已在长江一带行销，后成为全国名点，并出口到东南亚地区。

麻烘糕糕片呈长方形薄片状，颜色黑白相映，芝麻浓香与桂花清香交融，沁人心脾，品尝时松软甜润、入口即溶。

必荐星级　★★★★★

必尝正宗地★

　　以"扬子江麻烘糕"最为出名，在武汉商场均有出售。

必知一般价格★

　　每盒14元左右。

四季美汤包

武汉的四季美汤包是在上海苏式汤包基础上不断改进而形成的。"四季美"是武汉的小吃店店名。其所制的小笼汤包广受顾客喜爱，被誉为"汤包大王"。

四季美汤包制馅方式讲究，用猪腿肉剁成肉泥，拌上肉冻和其他佐料。其面皮薄，上笼蒸熟后汤汁欲溢。除鲜肉汤包外，还有蟹黄汤包、鸡茸汤包和什锦汤包等，风味独特。

四季美汤包汤多、馅嫩、皮薄、味鲜，品尝时调以姜丝酱醋，其味更佳。

汤包原是下江风味的小吃，清末民初传至江城。1922年汉阳人田玉山挂出"老四季美"的招牌，意为一年四季都有美食供应。店中主要经营小笼汤包生意。后南京烹饪名师徐大宽成为店中主厨，田玉山待其亲如家人。徐师傅为了感谢恩情，精心选材、严格把关，不断改进汤包制作工艺。所制汤包备受江城人民喜爱。

以坐落在汉口中山大道江汉路口附近的四季美汤包店最为正宗，分店地址：武昌区司门口户部巷内（近户部巷民主路牌坊）、汉口万松园北区45栋、武昌彭刘杨路232号首义园、黄陂区黄陂广场美食街2楼（027-61106147）等。

每笼7个，10～20元。

黄石港饼

 必尝美味 黄石港饼又叫合意饼、如意饼，源于湖北省黄石市。其为"中华老字号"，至今已有170多年的历史。黄石港饼由面粉、芝麻等十几种原料组成，先用特制粉和皮，擦猪油和酥；然后放入果料、冰糖等馅后压扁成形；最后放炉内烘烤即成。

 必品特色 **黄石港饼有锣弦鼓边的外形，色泽鲜丽黄亮，芝麻香浓郁，甜润松酥。**

 必荐星级 ◆◆◆◆

 必尝正宗地 可到武汉黄石地区购买口味正宗的黄石港饼，现全国各大超市也有出售。

刘备

必享由来

黄石港饼历史悠久，相传三国时刘备前往东吴招亲所携带的龙凤喜饼便是它的前身。清朝嘉庆年间，黄石市周边的大冶县有一家刘丰泰杂货铺，店铺老板刘合意为了招揽生意，在龙凤饼的基础上加入橘饼、芝麻等原料，取名"合意饼"。到同治年间，大冶县木排商人殷华、马礼门在经商途中，所乘木排不慎将盐船撞翻，惹来京城官司。殷、马两人怕打输官司，进京时特意选了当地名产合意饼作礼品，并附诗一首：排来如山倒，行船似燕飞，鸣金三下响，为何燕不飞。同治皇帝见诗后判木排商无罪，且对送来的合意饼赞不绝口，赐名"如意"。后来"如意饼"以产地为名，改为"黄石港饼"。

 必知一般价格 300克的每包10~13元。

散烩八宝饭

散烩八宝饭简称八宝饭，是清朝慈禧太后御食。有诗赞道："浅盏小酌细品尝，离席数时回味长。"散烩八宝饭以糯米、红枣、莲子仁、桂圆肉等蒸制而成。

散烩八宝饭色泽鲜艳、油而不腻、甜润爽口，且营养丰富，有补气养身功效。

周武王

必享典故

周朝时，周武王在八个贤臣的帮助下成功消灭了殷商王朝。宫厨在庆典上用八味珍品制成美食，寓意"周八士火焚殷纣王"。清末后其蒸制改为散烩，慈禧太后御厨肖岱掌握了"散烩八宝饭"的绝技。八国联军进犯北京时肖岱流落江陵，与满族名厨关焕海兄弟开设了"聚珍园"。该店被誉为"辽宁无双味，江陵第一国"，所制的散烩八宝饭是招牌美食。

必荐星级 👍👍👍👍

必尝正宗地 ★

荆州城区中心位置花台聚珍园广场聚珍三宝专卖（0716-8853813），味道最为正宗。

必知一般价格 ★

每份18元左右。

东坡饼

 必尝美味
　　东坡饼是湖北传统美食，又名空心饼、千层饼，以纪念苏东坡而命名。制作东坡饼时先取泉水揉面，将面擀成圆片后刷上香油；然后将面片卷成如意形长筒，反复折叠制成圆饼，最后将圆饼放入锅中油炸，撒上白糖即成。

必品特色
　　东坡饼形如金黄色小山包，散发淡淡幽香，油而不腻，焦脆甜酥。

苏轼

必享典故

　　宋神宗元丰年间，苏轼被贬黄州时与安国寺长老参寥和尚成莫逆之交。某日苏轼游览西山，参寥和尚用泉水和面制饼款待苏东坡。东坡见此饼色泽淡黄，观赏许久后才放入嘴中品尝，觉其酥脆香甜，连忙问道："此为何饼？"参寥和尚见其很是喜欢，以"东坡饼"命名，且道："尔后复来，仍以此饼饷吾为幸！"到了明清时期，东坡饼制法传到民间，成为黄州府的地方名产。

 必存星级 👍👍👍👍

 必尝正宗地 ★
　　以湖北鄂州西山古灵泉寺周边售卖的东坡饼口味最为正宗。

 必知一般价格 ★
　　每个4元左右。

孝感米酒

孝感米酒是湖北省传统的地方风味小吃，具有千年历史。毛泽东主席品尝后夸赞其"味好酒美"。

孝感米酒以孝感特制的风窝酒曲为发酵剂酿制而成，先将一公斤糯米蒸熟冷却后盛入容器中；再把捣烂的米酒曲与糯米饭均匀搅拌；而后将米饭压实，在其表面撒上一层米酒曲；最后把装有米饭的容器置温暖地方密封保存五天，米饭变甜出汁后即成。

孝感米酒白如琼浆，清香甜润，入口浓郁，吃后生津暖胃，回味无穷，且含有多种维生素。

必荐星级 👍👍👍👍

必享典故

清朝末年，孝感县城有一家经营糊米酒的"鲁源兴米酒店"。某天因天气炎热，制作糊米酒的汤圆浆发酵了。老板鲁幼佰正准备将其倒掉时，进来一位老顾客急着要喝汤圆米酒。鲁老板说卖完了，可是眼尖的顾客却一定要他手中发酵过的米浆。鲁老板只好照做，没想到无意中创出一个百年品牌。

周武王

必尝正宗地

湖北孝感农村自家所制的孝感米酒最为正宗，市场上出售的"神霖孝感米酒"最为出名（http://www.xgmtmj.com/）。

必知一般价格 每斤7~10元。

湖南小吃

　　湖南小吃历史悠久，种类繁多，口味独特。臭豆腐是湖南长沙的名牌食品，现流行于中国各地。许多人都被它的美味所征服。

　　其主要小吃有臭豆腐、米粉、八宝龟羊汤、脑髓卷、德园包子、姐妹团子、龙脂猪血、糖油粑粑等。它们各具特色，深受当地人们及游客的喜爱。

口味虾

必尝美味

　　口味虾又名长沙口味虾、麻辣小龙虾、香辣小龙虾、十三香小龙虾，以湖南湖北产的小龙虾制成，颜色鲜红，口感麻辣鲜香，属湘菜系，湖南小吃之一，在长沙市最为流行。

　　口味虾出现较晚，在20世纪90年代才流行起来，成为路边酒摊的常见小吃。现在口味虾已流行到全国的城市。由于小龙虾能聚群打洞，危害江堤，长沙人称吃小龙虾是除害。

必品特色

其颜色鲜红，麻辣过瘾，虾肉鲜香。

必荐星级

👍👍👍👍👍

必享由来

　　口味虾主料所用龙虾并不产自中国。其原产地在北美洲，1918年由美国引入日本。1929年再由日本引入中国。后来在长江一带迅速繁殖。随着改革开放的进展，口味虾迅速传遍全国。

必尝正宗地 ★

　　长沙的口味虾夜宵以教育街、火星镇、八一桥、南门口、袁家岭一带最为红火。名店有南门口黄兴路159号四娭馳（āi jiě）鱼火锅虾蟹总店（0731-85172661）、八一路623号老梅园大虾城（0731-84426042）、芙蓉区火星镇凌霄路53号辣不怕口味虾店（0731-84688278）。

必知一般价格 ★

　　在较有名的饭店，小份约30元，中份约60元，大份约80元。

火宫殿臭豆腐

火宫殿臭豆腐是湖南著名的特色小吃，它最大的特点就是闻起来臭，吃起来香。其选用的原料是黄豆制成的水豆腐。

制作时，首先要用特制的卤水将其浸泡半个月，因为卤水中放有香菇、鲜冬笋、浏阳豆豉等多种上乘原料，用其做出来的味道特别鲜香。其次，用茶油将其炸焦；最后把每块豆腐钻孔灌上辣椒油。这样，美味的臭豆腐做好了！

其闻着臭，吃着香，外酥里软，辣味十足，回味无穷。

必荐星级

👍👍👍👍👍

必知一般价格 ★

在火宫殿，每份5元。

必享由来

光绪二十二年（1896年），出生在湖南的蒋永贵因父母双亡流浪到了长沙。由于其排名老二，因此又被称为蒋二爹。他在长沙流浪时被一个卖炸豆腐的老乡收留，从此学会了油炸豆腐的手艺。

后来师父年纪大了，又体弱多病，就把油炸豆腐的摊子交给了他。为了避免地痞流氓骚扰，他在火宫殿附近严格按照师父的传家手艺去做，不管是选料还是制作过程，都精心准备。因此他的炸豆腐很快受到大家的欢迎。就连毛泽东主席、美国前总统老布什品尝后也连连称赞。

必尝正宗地 ★

湖南长沙火宫殿总店的味道最为正宗，地址是天心区坡子街78号（近三王街）。其五一大道分店的味道也不错。

湖南米粉

湖南米粉是当地人最喜欢的早餐之一。其从口味上分为长沙米粉和津市米粉，从形状上又分为圆粉和切粉。

长沙米粉以切粉为主，其汤是由大骨熬成，味道鲜美。人们可以根据自己的口味、爱好在米粉里加入各种佐料，如辣椒、酸菜、萝卜条等。

津市米粉最著名的要数常德津市牛肉粉了。据说它是常德的三绝之一。津市米粉以圆粉为主，有牛肉、牛腩、排骨、肉丝、墨鱼等几个大类，口味比较丰富。

湖南米粉制作简便，味道鲜香，原汁原味，筋道爽口。

必享由来

相传清朝雍正年间实行"改土归流"的政策后，新疆维吾尔族的一支迁徙到了湖南。他们住在湖南的澧县东乡团结村。这里地处洞庭湖，人们的主食以大米为主。喜欢面食的维吾尔族人很不习惯，他们十分怀念家乡的清真牛肉面。后来他们开始想办法，最终制作出了面条的替代品米粉。

最初，回民做的牛肉米粉很清淡。随着时间的推移，他们逐渐适应了当地的口味。于是，米粉也开始变成咸辣口味。这样便形成了具有湖南特色的牛肉粉。

火宫殿小吃

必荐星级

必知一般价格

5元左右一碗。

必尝正宗地

长沙的"和记"和"黄春和"是两个最著名的百年老店了，其湖南米粉味道最为正宗。

八宝龟羊汤

八宝龟羊汤是湖南著名的特色风味小吃。此汤的原料种类丰富，有乌龟肉、羊肉、枸杞、党参、去壳的荔枝、红枣、姜片、茶籽油等，具有滋补的功效。其制作方法也很讲究，炖制前要把龟肉和羊肉用沸水烫一遍，去掉血丝；煮汤时要用小火长时间地炖，直至炖酥烂为最佳。

其汤味鲜美，肉质软烂，再配上多种药材，营养更为丰富。

必享由来

八宝龟羊汤在明清时期就已经在长沙一带流行了，是冬令时节的滋补佳品。长沙冬季十分湿冷，容易损伤元气。此时人们往往会来上一碗热腾腾的龟羊汤，一扫恶寒。因为中医认为龟肉甘、咸、平，入肺、肾二经，有滋阴补血功效；羊肉性甘、温、无毒，入脾、肾经，具有益气补虚、壮阳暖身的作用；而当归、党参、附片、枸杞等中草药又有脾肾双补，增强食疗的作用，且还可以减轻龟羊肉的腥气和膻味，使其芬芳馥郁，软烂鲜嫩。

必荐星级 👍👍👍👍👍

必知一般价格 在长沙火宫殿，每份38元。

必尝正宗地 湖南一般饭店都有，以长沙市火宫殿所制最佳，闻名国内外。

脑髓卷

必尝美味　　脑髓卷是湖南的特色小吃，起源于湘赣市，有着悠久的历史。它并不是由真正的脑髓制成，而是由于其原料形状像脑髓而得名。这种小吃是用面皮裹上猪的肥膘肉，然后加上白糖馅心，最后经蒸制而成。其口感非常好，广受消费者喜爱。

必品特色　　**其味道甜鲜，入口即化，油而不腻。**

必宴典故

据《湘潭县志》记载，脑髓卷早在清朝乾隆年间就已经十分出名。相传晚清的名士王壬秋十分喜爱这种面食小吃，还曾写下"谢弦扬笛祥华卷"的诗句（祥华卷是脑髓卷的别称）。

必尝正宗地

湖南长沙火宫殿总店的味道最为正宗，地址是天心区坡子街78号（近三王街）。

必知一般价格

长沙火宫殿的每份4元。

必荐星级　★★★★★

姐妹团子

必尝美味　姐妹团子是湖南火宫殿传统的风味小吃，因口味独特备受欢迎。其主要原料是糯米和大米，馅心有肉馅和糖馅两种。肉馅选用的是五花鲜猪肉，制作出来的肉馅团子为石榴形。糖馅则是用桂花糖、北流糖、红枣配制而成，制作出来的糖馅团子呈蟠桃模样，十分惹人喜爱。

必品特色　**姐妹团子小巧玲珑，晶莹剔透，糍糯柔软；肉馅团子鲜嫩可口，糖馅团子甜而不腻。**

宋太祖赵匡胤

必享典故

相传宋太祖赵匡胤在安徽歙县兵败后，士气十分低落。当地人知道后，便送来米团慰劳这些士兵。吃过米团后赵匡胤念念不忘，于是就从歙县找人专门为他再做此食物，并命名为"大救驾"。这就是最早产生的团子。

20世纪20年代，姜氏姐妹在长沙的火宫殿摆了一个卖团子的摊位。她们制作的团子不仅外表好看，吃起来也很香，受到许多人的称赞。因此人们给她们的团子起名为"姐妹团子"。

必荐星级 👍👍👍👍👍

必知一般价格　长沙火宫殿的，每份5元。

必尝正宗地　火宫殿坡子街总店，地址是天心区坡子街78号（近三王街）。

毛家红烧肉

毛家红烧肉是主席宴上的八大名菜之一，也是湘菜系独树一帜的美食。因其一直受毛主席钟爱，故又称"毛氏红烧肉"。

正宗的毛家饭店位于湘潭韶山冲。其做法非常讲究，红烧肉要选五花腩，须先把五层三花的肚腩肉用冰糖八角桂皮先蒸再炸，然后入锅放豆豉作料烹制而成。

做熟的毛家红烧肉色泽金黄油亮，肥而不腻，十分香润可口。

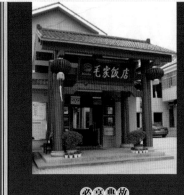

必享典故

红烧肉是毛主席最喜欢的菜肴之一。他认为红烧肉可以补脑，增强记忆力，使人精力充沛。据史料记载，在艰苦的战争年代，毛主席在指挥三大战役时，曾对警卫员李银桥说："你如果每隔三天给我吃一顿红烧肉，我就有精力打败敌人。"可见，主席对红烧肉的热爱。

新中国成立后，毛主席也经常用这道菜招待贵宾。后来，遍布全国的毛家餐馆都用红烧肉来作招牌菜，并美其名曰"毛氏红烧肉"。

 以湘潭韶山冲毛家饭店以及长沙火宫殿跛子街总店做的最为有名。

糖油粑粑

必尝美味

　　长沙的糖油粑粑造价低廉，做工讲究，虽然不能登大雅之堂，但是因其价廉味美而深受大众喜爱。它既可以作早餐，又可作日常生活中的小零食。吃时不能着急，否则很容易烫嘴，要慢慢品尝。

　　其制作时，下锅炸要用小火，不要炸得太老，否则容易爆裂，影响口感。

必品特色

其色泽金黄，软而不黏，香甜味美，价格低廉。

必荐星级

必享典故

　　传说一个长沙人在大病一场后没有了胃口，看什么都不香，吃什么都想吐。家人想尽一切办法也没有用。后来万般无奈，就问他到底想吃什么。他说想吃糖油粑粑。于是家人费尽心思为他做了一碗色泽金黄诱人、美味可口的糖油粑粑。没想到此人的食欲果然大增，很快便把整碗的食物吃光。从此以后，这个长沙人每天都要吃上三个糖油粑粑。

必尝正宗地

长沙的南门口、长沙火宫殿。

必知一般价格

长沙火宫殿的，每份3元。

杨裕兴面条

杨裕兴面条在湖南十分受欢迎。其金字招牌鸡蛋面更是让顾客赞不绝口。做面条时每袋面大约要用2.5公斤的鸡蛋、200克左右的纯碱和3公斤的水。在擀面时要记得撒上一些菇粉。面条的油码大概有五种，分别为酸辣、肉丝、杂酱、牛肉、酱汁。劲道的面条加上适合个人口味的油码，一定让你大饱口福。

杨裕兴面条筋道，面码多样，鲜香爽口，回味无穷。

必享典故

清朝光绪二十年（1894年），杨心田在长沙开了一家店铺，取"富裕兴旺"之意，起名为"杨裕兴"，专卖粉和汤圆。由于这家店的汤粉味道独特，店里的服务又很周到，光临的顾客络绎不绝。杨心田生病后其子杨菊邨继承经理职位。因为生意好，杨菊邨又在青石桥开设了分店，卖的食物种类也有所增加。"文夕大火"与抗战的炮火把店面摧毁。后两家店合并成一家，专营汤面，声名逐渐远扬。

杨裕兴面馆本部味道最为正宗，地址是长沙市解放西路153号。现已搬到芙蓉区三王街三王丽都大厦1楼。

肉丝面线8元一碗，其他根据配料与要求不同，价钱在15元左右。

广东小吃

　　广东小吃品种繁多，制作精细，崇尚真味，且多来源于民间。其以风味多样、价格低廉而著称。在广州的大街上随处都有茶餐厅，里面汇集了广东的各类小吃。

　　广东小吃不仅是一种粤式美味，更是岭南文化的一种体现。喜欢广东小吃的人并不是因为它有浓郁的味道，而是它那忠于原味的单纯。它并不像四川小吃一样辣劲十足，也不像北京小吃一样汇集百家，它只是简单的重现，但在简单中又不乏新意和特色。

肠粉

肠粉又名布拉蒸肠粉、卷粉、拉粉，是一种米制品。其作为广东的传统小吃，凭借着色泽白如冰雪，粉皮薄如白纸，且口感嫩滑微韧等特点而远近闻名。在广东，肠粉的卖家比比皆是，其中尤以"银记肠粉"最为有名。"银记肠粉"是广东肠粉的代名词，经过多年的改良和创新，在港澳地区有着较好的口碑和知名度。

广东肠粉品种多样，各个地区的做法也都有所差别，目前人们将其分为2种流派：一种是抽屉式肠粉，另一种是布拉肠。抽屉式肠粉主要是以肠粉粉质和酱汁调料为卖点，而布拉肠粉则主要是以馅料为品尝重点。

粉皮薄如蝉翼，晶莹剔透，色泽淡雅，食用时细腻微韧，爽滑鲜香。

纪晓岚

必享典故

肠粉与乾隆皇帝有着莫大的关系。相传，乾隆皇帝下江南时，大臣纪晓岚听说粤西有家饭馆的米粉味道独特，花样新奇，便心生好奇。一路上他不断蛊惑乾隆皇帝去试吃。果然乾隆禁不住诱惑，专门拐去粤西。当吃到那里的米粉后，乾隆连连称赞，并随口说其形似猪肠。店家便将其命名为肠粉。之后，肠粉在广东一带迅速普及。

较为著名的肠粉店有广州荔湾区文昌北路"银记肠粉店"、广州华辉拉肠、广州三禾百味和广州荔湾区"荔湾名食家"等。

肠粉分为很多口味，价格不一。其中广州老字号银记肠粉店的鲜虾肠粉1份9~15元。

老婆饼

老婆饼是广东一带的美食，在澳门、厦门和香港等地都十分热销。随着不断翻新和发展，其种类也开始层出不穷；尤其是西饼店西方元素的加入，使其味道更加独特。

传说只要恋爱中的男女用心给对方做上一个老婆饼，就能使双方的感情突飞猛进，甚至有可能成为对方的终身伴侣。起初老婆饼只有单一品种，直到礼记饼家改良后，其才得到进一步的发展。礼记最具代表性的老婆饼是低糖老婆饼，其采用传统的手工制作，糖分低，营养价值高，是很多中老年常吃的食品之一。

其馅香皮酥，入口即化，口感独特，皮薄馅厚，色泽金黄，甜而不腻。

必尝典故

元朝末年，统治者经常增加赋税，使得民间怨声载道。朱元璋借机率领起义军反抗。起义初期，朱元璋的军队较为薄弱，粮食和装备也极其匮乏。为了使军队能继续作战，朱元璋的妻子马氏想到了一个方法，用小麦冬瓜磨成泥，做成圆饼，既方便携带，还耐储存，给军队打仗带来了诸多便利。后来人们经过精心的改良，使其流传下来，成为现在声名远播的老婆饼。

必荐星级 ★★★★★

必尝正宗地 ★

老婆饼在广州的多数西饼店都有销售，其中尤以广州酒家、广州天河区美食城、礼记饼家、广州莲香楼和广州陶陶居等的最为出名。

必知一般价格 ★

礼记饼家的1份15~25元；街边的按个卖，1个2~5元。

艇仔粥

必尝美味 广州著名小吃艇仔粥是以虾片、猪肚、海蜇、鱼片、花生仁、干贝、浮皮、油条屑等为原料煮成的，其味道鲜甜，粥底绵烂，在保留粥原有香味的基础上加入了众多材料，形成了爽脆软滑的粥品。传统的艇仔粥是用河水煮成的，而如今的则是用自来水煮的，风味要差一些。

艇仔粥也是一种很好的"保健品"。其所用粳米能促进人体血液循环和提高免疫机能，是高血压患者首选的早点之一；而猪肚、干贝则富含蛋白质、脂肪和少量维生素，具有健脾胃、补虚损、软化血管等功效。

必品特色 其芳香扑鼻，粥滑软绵，十分香甜，材料多而不杂，适合多数人群的口味。

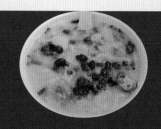

必享典故

相传，以前在广州西郊有位西关阔爷，本来生活富足，衣食无忧，可后来家道中落，以致经济拮据，只能到荔枝湾卖粥为生。他并不会做什么美味的食品，但为了做出独特的美食，只能一搏。他到市场上买来油炸花生、炸米粉、海蜇丝、生菜叶、熟猪肚、炸鱿鱼、虾等食品，将它们放入煮熟的粥里煮沸。没承想，他品尝时却发现此粥鲜甜爽口，绵糊不烂，十分好吃。之后他每天到荔枝湾乘坐艇仔将粥品出售给文人雅士。因此粥在艇仔上制作和出售，故得名艇仔粥。现在其已成为广州小吃的代表之一。

最正宗的艇仔粥小吃店当属广州荔湾区宝华路的"陈添记"，其次是广州的"伍湛记"、广州荔湾区的"荔湾名食家"和广州荔枝湾广场南塔4楼的"西关人家"等。

陈添记1碗7~9元，其他小吃店价格相仿。

砵仔糕

砵仔糕是广东传统小吃，距今已有几百年的历史，现也是香港、台湾地区的街头流行小吃。其口味繁多，最常见的有相思红豆味、香芋味、草莓味、椰丝味等，在很大程度上满足了人们的需求。

砵仔糕是以黏米粉和澄面为主料，通过多种做法制成的，可分为两大类，即水晶砵仔糕和传统砵仔糕。现在市面上主要流行的是水晶砵仔糕，因其通体盈透，外形美观，所以比传统砵仔糕更受欢迎。

西关人家

必享由来

砵仔糕距今已有数百年历史，首创于广东台山县，最早的记载是清朝咸丰年间的《台山县志》。据此书记载，砵仔糕是华丰迁桥旁一家小店首创的，因其用砵仔蒸糕之法制成，故名砵仔糕。

糕体晶莹透亮，细腻嫩滑，味道清甜，弹齿不黏。

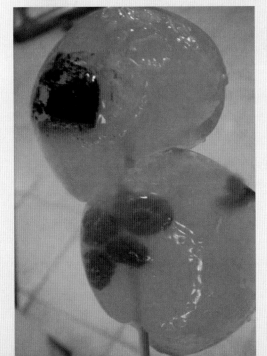

必荐星级 👍👍👍👍👍

必尝正宗地 ★

较为正宗的砵仔糕在广州荔枝湾广场南塔4楼"西关人家"、广州荔湾区的"荔湾名食家"。

必知一般价格 ★

小吃店内1份7~12元，价格因口味而定。

濑粉

必尝美味 濑粉源于广东中山地区，是广东人十分喜爱的小吃，在香港、澳门地区也很热销。其原名醡粉，但因"醡"在粤语中与"濑"同音，故得名濑粉。在恩平、开平等地，人们还将其视为中秋节必吃的食物之一。

以前，濑粉是用吃剩的冷饭晒干后磨粉加工而成。现在为了简便，则用黏米作为主要材料，直接加水搅拌成粉浆，再用粉浆加工制成。现在，其已形成几个著名的品种，即高明濑粉、中山濑粉、厚街濑粉、恩平濑粉、马冈濑粉等，其中尤以高明濑粉和中山濑粉享誉全国。

必品特色 **其细长嫩滑，颜色简单，软中带韧，汤稠粉香。**

必享由来

相传，濑粉的制作工艺是瑶人传给汉人的。其制作十分烦琐，先用黏米加水搅拌制成韧性十足的米浆，然后让米浆流过七孔粉瓯制成粉条，接着将粉条放入沸水中煮熟，最后用冷水浸泡，与别的食材一起煮熟而成。

荔湾

必尝正宗地★ 最为出名的濑粉是佛山市高明区荷城街道的那几家濑粉店，其次是广州荔湾区西华路第一津街44号的"合兴小食店"、广州越秀区文明路的"老西关濑粉"。

必荐星级

必知一般价格★ 小吃店内1份8~15元，不同的品牌店价格不同。

叉烧包

叉烧包是粤式早茶的必备点心之一，与蛋挞、虾饺、干蒸烧卖一起并称为"四大天王"。叉烧包在广东还象征着团结、和谐、涵养和包容等寓意。

叉烧包的主料是肥瘦适中的叉烧，制作时先在面粉中加入发酵粉、温水和糖，待至面团发起时加入香油揉搓；然后把叉烧切块，并加入酱油、盐、味精等调料做成馅；再用揉好的面团将其包裹蒸熟即可食用。

其包皮洁白，微有裂缝，能观其肉馅，皮松肉香，香味独特。

必享典故

叉烧包在民间那可是主角，关于它的传说数不胜数。传说古代有位卖叉烧的村民为了勤俭节约，把每天卖剩的叉烧切碎并加入其他调料拌匀，再用面粉将其裹实蒸熟，便可当晚餐食用。后来这种做法流传开来，经过不断的发展，变成现在大家所熟知的叉烧包。

 必荐星级

 必尝正宗地

较为有名的叉烧包小吃店有广州玉堂春暖餐厅、广州荔湾区"荔湾名食家"和广州荔枝湾广场南塔4楼的"西关人家"等。

 必知一般价格

玉堂春暖餐厅的1份3个，约22元；荔湾名食家的价位偏低，1份5~15元。

裹蒸粽

必尝美味
时下，最有名的裹蒸粽当属广东肇庆的。其包裹的叶子用的是当地特有的冬叶和水草，使整个裹蒸粽略带淡淡的青草香。另外，广东湛江的裹蒸粽也颇具盛名。

逢年过节时，广东都有吃粽子的习惯。特别是端午节，裹蒸粽为家家户户必备的食品之一。在寒冷的冬天，手上拿着一个刚刚剥掉外皮、热气腾腾的裹蒸粽，一股清香袅袅升起，咬下一口，就像一股暖流注入体内，令人回味无穷。

必品特色
其体形较大，清香扑鼻，入口爽滑，糯米、五花肉和腊肠的味道混杂在一起，妙不可言。

必享典故

据说，裹蒸粽的背后还有一个感人至深的爱情故事。古时候，端州有一对年轻人，两人情投意合，私订终身。但是女方父母觉得男孩家贫如洗，不愿将女儿许配给他。男孩苦求无果，暗下决心要考取功名后再迎娶女孩。在男孩即将赴京赶考的早上，女孩从家中逃出来给男孩送别，并送上用冬叶包裹的糯米饭团。

男孩高中状元后，本打算立刻迎娶女孩，岂料皇帝有意赐婚公主。男孩为了女孩，抗旨不从，触怒龙颜，被押天牢。在牢中，男孩每天看着饭团流泪。公主得知后命人问其缘由，男孩便把实情告知。公主听后大受感动，将其释放。最后有情人终成眷属。男孩和女孩终于得以一生相伴，不离不弃。此事在民间传开。人们发现用冬叶包的糯米饭团味道香滑可口，纷纷效仿，裹蒸粽也就由此而来。

必荐星级 👍👍👍👍

必尝正宗地★
最有名的有广州越秀区海珠北路的"肇庆裹蒸粽"和广州荔枝湾广场的"西关人家"等。

必知一般价格★
肇庆裹蒸粽店里的绿豆裹蒸粽，1份6~10元；肉馅的价格更高，1份8~15元。市场上速冻的价格因品牌和馅料而定。

云吞面

云吞面又名馄饨面，起源于广州，遍布广东大街小巷，是广东地道小吃之一。据说，早在唐宋时期就有馄饨传入广东，而云吞面则是在清末民初出现。正宗的云吞面面韧香滑，非常爽脆。

虽说南方并不以面为主食，但云吞面却是一个意外。广东人对它有着说不清、道不明的喜爱和依赖。现在云吞面也是香港美食文化中必不可少的一部分，更受到港星的热捧，如成龙、周星驰等都是它的"忠实粉丝"。

云吞皮薄如纸，馅料丰富，小巧玲珑，配上弹性十足的面条，口感爽脆，美味无比。

必享典故

相传，清朝末年有人在广州双门底开设了一家专卖面食的餐馆，名为"三楚面馆"，其中就有云吞面。起初其因制作粗糙、味道单一，并没有引起人们的关注。几经改良后，店家终于做成了面韧汤鲜、馅香皮薄的云吞面。自此小店生意好转，宾客络绎不绝。后来，人们争相效仿，云吞面也开始传遍广东，成为广东名小吃。

必荐星级 👍👍👍👍

必去的云吞面小吃店有广州荔湾区宝华路的"宝华面家"、广州荔湾区的"欧成记"、香港的"翠华茶餐厅"、广州酒家、广州陶陶居等。

小吃店内的1份10~20元；小摊上价格相对便宜，1份7~15元。

马蹄糕

必尝美味

　　马蹄糕原产于广东，现也是福州小吃之一。在广东，泮圹是盛产马蹄的地方，所产马蹄体大甜美，质脆可口。泮溪酒家地处泮圹周边，所产马蹄糕最为正宗，驰名中外。

　　马蹄糕的重要成分是荸荠，即粤语中的马蹄。其在制作时先将马蹄切碎，再加入一定比例的地瓜粉、水和炒至金黄的白糖搅匀，最后装入模具中蒸熟。

必品特色

**　　马蹄糕色泽暗黄，呈半透明状，多为方形，软韧适中，味道香甜。当淡淡的马蹄味在嘴里散开时，那感觉真是妙不可言。**

必享由来

　　起初马蹄在西方只作为古老宗教神话和迷信的象征。随着中西贸易往来的频繁，西方国家开始接受东方的文化，尝试把香料运用在食物中。在中世纪末，人们的烘焙技术得到了空前的发展。西方国家制造出了烘烤糕点的模具，做出了马蹄糕的模型。马蹄糕传入中国后，人们又对其进行了改良和创新，成为现在家喻户晓的小吃之一。

必荐星级 👍👍👍👍👍

必尝正宗地★

　　以广州市泮溪酒家的马蹄糕最为正宗。另外，广州越秀区起义路2号银灯食府、广州荔枝湾广场南塔4楼"西关人家"、广州荔湾区"荔湾名食家"和广州越秀区越秀南路"御翔点心屋"等的马蹄糕也颇具盛名。

必知一般价格★

　　御翔点心屋的，1份为2~5元；荔湾名食家的，1份为5~15元；西关人家的，1份为5~10元。

无米粿

·必尝美味

无米粿又名水晶包，是潮州名小吃之一。其果皮由番薯粉做成，透明微韧，馅则多用蔬菜和杂粮做成，分为甜咸两种口味。甜的馅多为芋泥和豆沙，咸的则多用马铃薯、芋头、胡椒粉、沙茶和竹笋。食用时蒸熟即可，也可以放在油锅里煎，待到两面金黄时便可装盘。

在潮汕，无米粿算是家常点心的一种，深受人们的喜爱，无论在城市食肆，还是在乡间农家，你都能看到无米粿的身影。以前的无米粿基本都由自家制作，如今会做的年轻人渐渐减少，其摊贩则开始增多。

·必品特色

其粿皮晶莹剔透，煎完后略带赤黄，馅香皮脆，十分可口。

潮汕古老民居

必享典故

无米粿的皮是由番薯制作而成的。起初我国并没有番薯，直至明朝，其才传入我国闽南地区。随着闽南人进入潮汕，番薯也迅速在潮汕大地普及。那时的潮汕极为贫穷，粮食缺乏，当地百姓几乎无米下饭。贤惠的潮汕女孩为了让家人填饱肚子，想出用番薯做饭的点子。她们将番薯磨成粉，加入水揉成面团，压成薄皮，用薄皮包上藕丁、马铃薯等食品，放在蒸炉上蒸熟即可食用。因为当时人们处于无米状态，加之也没有用大米制作，故得名"无米粿"。

必荐星级

最为正宗的无米粿店是汕头三中路口的"阿佬无米粿"；其次是汕头金湖区龙眼北路老潮兴粿品、汕头市区内的街市的小摊、广州天河区"新潮点"。

必尝正宗地

必知一般价格

阿佬无米粿1个5~10元，其他小吃店的价格相仿。

牛肉丸

必尝美味

　　提起潮汕，人们的第一反应便是牛肉丸。其源于客家菜，后经潮汕百姓的改良，成了地道的潮汕小吃。改革开放以来，潮汕牛肉丸美名远播。电影《食神》的热捧，更是让其在年轻一代的脑海中留下深刻的印象。

　　正宗的牛肉丸是纯手工制作的，吃起来嚼劲十足，味道香浓。其吃法颇多，可以做汤、煎炒、烤制，最常见的则是与粿条同煮，做成牛肉丸粿条。在潮汕，不管大街小巷还是食肆酒家，都出售牛肉丸。

必品特色

　　其物美价廉，口感香脆，肉汁四溢，柔脆而有弹性，是潮汕人民最喜爱的小吃之一。

必享典故

　　相传，古时候有位客家人来到潮州靠贩卖牛肉丸汤谋生。其汤口感脆滑、香甜，价钱公道。当地有一位叫叶燕青的年轻人，非常喜欢这家的牛肉丸汤，经常光顾，久而久之便与店家结成好友。这位店家在此处也没什么亲人，见燕青待自己如亲兄弟，便把客家牛肉丸的制法全部传给他。燕青则在此基础上进行改良，做出独具特色的潮汕牛肉丸。他将制成的牛肉丸做成汤出售，生意十分火爆。

必荐星级　👍👍👍👍

必尝正宗地

　　以垄美斋牛肉丸的口味最为正宗。另外，汕头共和路14号的郑源兴牛肉丸店、汕头市区福平路的"福合埕"和汕头衡山市场的"和生牛肉丸"等店的味道也很纯正。

必知一般价格

　　市面上500克的18~25元；小吃店的按份算，1份8~15元。

水晶饺

 必尝美味　在广东的茶餐厅必有的一道小吃水晶饺。其因皮薄如纸，晶莹剔透，故得名。

水晶饺制作简便，馅料可以根据个人喜好调配。随着时代的进步，其演变出了许多新式品种，如玉米水晶饺、猪肉水晶饺、香菇水晶饺等。

 必品特色　**水晶饺表皮弹爽嫩滑，色泽通透诱人，香气四溢，馅料独特。**

 必荐星级　👍👍👍👍

 必尝正宗地　较为有名的水晶饺店是广州酒家、广州陶陶居、广州荔湾区的"荔湾名食家"，以及广州各大茶餐厅等。

 必知一般价格　广州酒家的1份15～25元；其他小吃店的价格相仿。

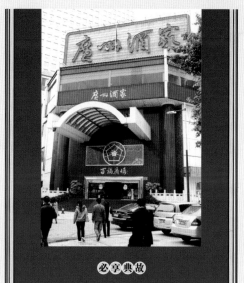

必享典故

关于水晶饺的由来，民间还有这样一则传说。从前有位皇帝，昏庸无道，使得百姓贫困交加，苦不堪言。某日，朝中奸臣叩见皇上说，只要他尝过百样饭便可延年益寿，长生不老。皇帝信以为真，立马贴出告示，举国招选各地名厨。不久，苏巧生被选上。虽然他不愿为皇帝掌厨，但为了能早日脱离皇宫与家人相聚，还是每日埋头研究新菜式，终于做到了99道饭菜。最后一夜他抓破脑皮也想不出该如何做最后一道菜，以致整晚心事不宁，眉头紧锁。隔天早上他万念俱灭地来到厨房，看到菜案上的羊肉和菜后，顿生心计，将羊肉和菜剁碎，用包面皮包上，蒸熟呈给皇上享用。结果皇帝尝后连连称赞，忙问其名称。苏巧生看其外形扁平，随口答道"扁食"。后来扁食流传到广东，广东人将其进行改良，把表皮做薄，成了现在人们常见的水晶饺。

桃粿

桃粿又名红曲桃、粿桃等，是潮汕地区的民俗粿品。红桃粿以吉祥如意的寓意为潮州人所喜爱。每逢过节拜神，潮汕妇女都会精心制作红桃粿，以此为供品来祭拜神明和祖先，以祈求长命百岁、生活幸福。

桃粿分馅与皮2个部分。馅料有甜咸2种口味，一般用豆沙、甜米作甜馅，用糯米加入猪肉、花生仁、香菇、豆腐干、虾仁和调料等食品爆炒作咸馅。皮用大米为原料，制作时先往面团中加水揉搓成泥状；然后加入红米曲粉制成红皮；接着用雕刻花纹图案的印模在红皮上印制桃叶图案；最后包上馅料，蒸熟即可食用。

制作桃粿场景

必享典故

从古至今潮汕人都有拜神的习俗。每当逢年过节，家家户户都会到寺庙内供奉神明以祈求福泰安康。某日，有位年轻人想祈求父母长命百岁，又苦于无从表达，无意中看到了供奉的桃品。他灵机一动，觉得可以制作一种与桃外形相近的粿品来供奉。于是他用大米磨成粉，加入红米曲制成桃形红皮，表达喜庆和长寿；用糯米加入花生、葱花、虾仁、猪肉等做成馅料，用红皮包严蒸熟拿去祭拜。此事一经传开，大家争相效仿，纷纷把红桃粿作为祭拜的供品。

必荐星级 ★★★★

必品特色

其馅料鲜香无比，皮薄微韧，肉香四溢。

必尝正宗地 ★

比较有名的桃粿小吃店是汕头国平路的"飘香小吃店"和广州天河区的"新潮点"。

必知一般价格 ★

大街上1个2~5元；小吃店的价格略高。

广西小吃

　　广西的山水秀甲天下，而广西的小吃也极具地方特色。广西在地理上与川、湘、粤相连接，因此在饮食烹调手法上融合各家之长，形成自己独特的特色。

　　广西小吃由南宁、桂林、柳州、梧州等汉居城市和壮族、瑶族、侗族等世居少数民族的小吃共同组成。其取料奇特，刀工精细，制作考究，原料鲜活，口味清淡爽嫩而好辣。

桂林米粉

桂林米粉是全国知名的美味小吃。其以爽滑柔韧的米粉、独特风味的卤水、种类丰富的配菜，令无数前来观光的游客折服。

其实米粉的鲜美全来自各家店秘制的卤水。卤水的配方每家店都各有特色，一般不对外公布，但其制作与选料的基本方法大同小异。配菜包括牛腩肉、叉烧、酸豆角、炸黄豆、香菜、葱花等，都是经过精心选材与制作的。吃时只需将米粉烫熟，淋上卤水，摆上配菜就可以上桌了。桂林米粉有两种吃法，一种是"干捞"，另一种则是在干捞粉的基础上加汤，形成汤粉。

桂林米粉的种类很多，以马肉米粉最负盛名，还有担担米粉、牛腩粉、酸辣粉、生菜粉、醋水米粉等。

桂林山水风光

必享典故

秦朝时，大将屠睢率军攻打南越。因军中将士多为北方人，不少人患上了消化不良、腹泻胀痛、中暑感冒等水土不服的病症。为改善这种状况，屠睢请教当地百姓解决的办法。于是有人想出了将大米磨成粉，再做成面条的样子，同时根据士兵的症状，配了花椒、陈皮、香薷、桂枝、八角、桂皮、草果以及甘草等八味草药熬成汤汁，淋入米粉。将士们看到这种很像家乡面条的食品，不禁都有了胃口，吃下去后不少症状都得到了改善，又提起了士气。这种特质的"面条"便是桂林米粉最早的原形，后来经过2000多年的不断发展，就有了今天桂林米粉的样子。

比较值得推荐的是阳朔县芙蓉路阳光100旧街楼（近叠翠路）的老油条家天下桂林米粉。此外，解放西路的石记米粉、阳朔的又益轩等在游客间的声誉也都不错。

桂林米粉粉质细腻爽滑又筋道，汤味鲜香醇厚，肉质香脆，卤菜鲜美，黄豆酥香，辣油入味。

一般按两计算，二两的一份一般在5~8元；三两的价钱在5.5~9元。

老友粉

南宁的老友粉与桂林米粉、柳州螺蛳粉共称广西三大粉。其以独特的方式将酸辣两味巧妙地结合在一起，在南宁的众多小吃中经久不衰。

老友粉的做法很简单，味道的好坏全取决于师傅的手艺。先要准备好一人份的切粉或伊面、已经切好丝的酸笋、豆豉少许、姜丝、辣椒、青菜叶、肉片；然后下锅，第一步大火爆香，再加入肉片与酸笋翻炒至肉片变色，加入高汤煮开，放入切粉或伊面，捞散后加青菜，煮熟后撒上葱花即成。

其味鲜辣，汤料香浓，夏天开胃，冬天驱寒，深受食客欢迎。

必享典故

20世纪30年代，一位老板在南宁中山路经营茶馆。一老翁几乎每天都会到此饮上一杯。久而久之，老板和老翁就结为至交。后来，老翁有一段时间没能去茶馆。老板很担心，前去询问才知道老翁得了重症感冒，头昏眼花，胃口全无。于是老板灵机一动，以精制的面条与爆香的酸笋、酸辣椒、豆豉、肉末、蒜蓉、姜末等佐料，煮成一碗酸辣可口的热汤面，送给老友。老翁闻到这碗酸香扑鼻的面，不禁食欲大振，

南宁园林一角

吃完后大汗淋漓，神清气爽，病症居然减轻了。老翁对此十分感激，特地做了一面"老友常来"的锦旗送给老板。这便是"老友"的来历。老友面风味独特，食之开胃驱寒，但南宁本地人更爱吃粉，所以后来又发展出老友粉，并逐渐在民间流传开来。

必荐星级　👍👍👍👍👍

必尝正宗地

在南宁，以中山路复记与七星路舒记的老友粉最为地道。此外还有共和路的亚光、中山路的大同老友粉、青秀区南环路临桂街的天福香味饮食店等口碑也不错。

必知一般价格

二两的价格一般在5~10元。

螺蛳粉

螺蛳粉是柳州最出名也是最受欢迎的米粉类小吃，具有酸、辣、鲜、爽、烫的独特风味特点。

不少外地食客在第一次吃螺蛳粉的时候，会抱怨为何没有螺蛳，因此现在有不少店家为迎合游客推出了有螺蛳肉的螺蛳粉。但真正的螺蛳粉是不放螺蛳肉的。之所以叫螺蛳粉，是因为它的汤是用螺蛳熬制而成的。外地人不习惯它的辣和腥，但这却是螺蛳粉的最大特点。螺蛳粉的美味来自于它独特的汤料，用螺蛳、三奈、八角、丁香等精心熬制，配料所选的腐竹、萝卜干、花生、酸笋均有讲究。

螺蛳汤味鲜浓厚，棕色的五花，金黄的肉腐竹，鲜嫩翠绿的时蔬，香味扑鼻的麻油与辣香，让人从味觉到视觉、嗅觉都完全无法抵挡。

必享典故

关于螺蛳粉的起源，有三种说法：一说是"文革"刚结束时，解放路上卖螺蛳的王阿婆无意间将粉与青菜放入螺蛳汤里煮，发现味道不错，便做起了这一美食。二说是谷埠夜市的小贩在改革开放初期，夜市刚刚恢复的时候，将这两种柳州人都十分喜爱的食品合在一起做出的。三说是20世纪80年代初期，某个米粉摊子因为没有煮粉的骨头汤了，于是用螺蛳汤代替，不承想煮出的味道十分鲜美。之后逐渐发展，就变成今天的螺蛳粉了。不管哪种说法，都说明螺蛳粉的起源时间不长。经过30多年的发展，这道最初人们无心插柳创造出来的美食，已经是柳州第一小吃了。

一般二两的螺蛳粉价钱在5~6元，三两的在6~7元。

以柳州肥仔螺蛳粉最为正宗。肥仔在柳州有多家分店，以西环路口店的味道为上乘。还有全广西连锁的三品王、青云大厦的爱民螺蛳粉、石潭公园旁的石姐螺蛳粉等，味道也不错。

酸嘢

广西人对于酸味东西非常偏爱，几乎到了无酸不欢的地步。在整个广西，只要有人的地方就一定会有酸嘢的存在。日常可食的绝大多数东西，广西人都可以用白醋进行腌制入口，从广西盛产的各种水果到蔬菜，应有尽有，花样繁多。南宁的大街上几乎随时都可以见到酸嘢摊子。

酸嘢原是南宁白话，又叫"酸料"，翻译成普通话就是"酸的东西"。广西的酸嘢选料贵在一个"生"字，选材以半生未熟的为最佳。味道上突出一个"酸"字，酸味适度，酸甜可口。因此除了使用当地产的白醋，有时会根据口味变化加入白糖或辣椒等一起腌制。

酸嘢摊

必享由来

酸嘢的起源其实是旧社会居住在菜市附近的老阿妈，因为生活所迫，在菜市收市的时候跑去捡廉价的菜头菜尾回家，然后用白醋腌制成品沿街叫卖以维持生计的无奈之举。

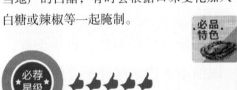

必荐星级 ★★★★★

必尝正宗地 ★

必知一般价格 ★

酸嘢爽脆可口，富含维生素及植物纤维素，具有生津健胃、杀菌消炎、消食解乏的功效。

酸嘢在广西十分普遍，大街小巷、城市农村，有人就有酸嘢。但最出名的还是玉林仁厚镇和兴业城隍镇的。

酸嘢非常便宜，一条酸木瓜不过0.5元左右，一片酸萝卜0.2元左右，一般一顿吃下来不超过5元。

梧州纸包鸡

纸包鸡是梧州的传统风味食品，因制作工艺独特，保证了鸡的鲜美芳香，名扬海内外。最初这道菜仅提供给达官贵人食用，后来经厨师改良，成了平常百姓也能品尝的美味。

纸包鸡精选纯正的三黄鸡，宰杀后吊干，切成二两一件，然后用老抽、精盐、白糖、姜汁、蒜蓉、麻油、黄酒，以及八角、陈皮、茴香、红谷米、五香粉、古月粉等调成酱料。鸡块浸料后用炸过的"玉口纸"包成荷叶状，立即下160℃的油锅炸三到四分钟。当纸包鸡上浮后即可捞出享用。

必享由来

纸包鸡据传是在清末时，由当时梧州最有名的酒楼粤西楼的厨子首先做出来的。到20世纪30年代，时任粤军将领的陈济棠偕夫人到梧州视察，当地人以此招待。陈济棠初尝纸包鸡后，觉得与其他鸡的做法和味道都不尽相同，喷香扑鼻且回味无穷，递赞不绝口。回到广州后，陈济棠与夫人仍对纸包鸡念念不忘，于是专门设宴，派飞机从广州飞到梧州买回纸包鸡。这件事传开以后，纸包鸡的名声大振，成为岭南名菜。

陈济棠

必荐星级 ★★★★★

必品特色

油面呈棕褐色，鸡块金黄，滚油不入内，味汁不外泻，席上当众解开，香飘满堂。

必尝正宗地

位于梧州市文化路的大东酒家，曾代表广西参加1983年的全国烹饪大赛，因此这里的纸包鸡绝不会让你失望。

必知一般价格

这道菜的价格稍贵，一份的价格为50~100元。

五色糯米饭

必尝美味　　五色糯米饭是壮族人民在"三月三"或清明节等重要节日上所准备的一道美食，因其呈黑、黄、红、白、紫五种颜色而得名，又称"乌饭"、"青粳饭"或"花米饭"。壮家人把它看成是吉祥如意、五谷丰登的象征，用它来祭祖祭神。

　　五色糯米饭的制作方法是，将浸泡后的糯米发成五等份，分别用枫叶、黄花、藩滕、红蓝草浸泡出汁，再各自与糯米均匀拌和染色，再上笼蒸熟就可以了。

必品特色　　**五色糯米饭不仅色彩缤纷，鲜艳诱人，而且味香纯正，还具有滋补、美容、健身等功效。**

壮族妇女

必享典故

　　相传古时壮家村寨有一青年小伙特侬对母亲非常孝顺，经常上山砍柴或下田插秧时背着母亲，并准备好母亲最爱吃的糯米饭。特侬母子的这一举动被山上的猴子察觉了，便经常趁特侬不注意时前去抢糯米饭。因为母亲瘫痪不能动弹，只能眼睁睁地看着猴子抢走食物。如此三番，看着挨饿的母亲，特侬憎恨自己没用，便懊恼地抓扯一旁的枫叶，却发现自己的手被枫叶染黑了。他顿时灵机一动，把枫叶割回家，将其捣碎，用水浸泡出黑色的汁液，再将糯米饭放到汁液中浸泡。到了第二天，原先白色的糯米被染成黑色，但蒸出来的糯米饭清香扑鼻。这天特侬带着母亲到田里干活，故意将黑糯米饭露出来，猴子认为有毒，便没有再去抢。

必荐星级 👍👍👍👍👍　　**必知一般价格**　一份为5~15元。

必尝正宗地　　一般在农历新年、三月三、中元节、中秋等时节到壮家村寨去，会品尝到这种香甜的美食。另外，到龙胜的村寨，常年有五色糯米饭供应。

宾阳酸粉

必尝美味

宾阳酸粉属于凉拌类食品，在炎热的夏天食用，具有消暑开胃、辟邪祛湿的功效。作为一道冷盘小吃，其粉质雪白柔嫩，佐料香气扑鼻，配菜色彩丰富，有红色的腊肉牛巴、绿色的腌酸黄瓜、金黄的油炸肉等。

酸粉味道的关键在于蒸粉和酱水的制作。粉的原材料要选用优质大米，磨成浆后均匀地铺在蒸托上，最后起托晾凉即可。米浆须调得不稠不稀，铺时要均匀，不厚不薄。一定要晾凉，否则蒸出来的粉皮口感不好且容易断裂。酱水是用陈皮、八角、茴香等多种香料加水、盐、味精、蚝油等煮成卤水，再加入白糖、米醋等调成的独特的宾阳酸粉口味。

必品特色

宾阳酸粉爽滑香脆、酸甜适中，是盛夏消暑的必尝美食。

必享典故

相传北宋时，侬智高在广西起义，朝廷派枢密副使狄青前来镇压。宋军到达宾州（今宾阳），大败侬智高，令他遁逃至云南大理。在宾州居留期间，因为宋军多为北方人，吃不惯当地的米饭，想吃面食，但宾州只产大米没有小麦，无法满足他们的要求。于是，宾州人便想出了将大米磨浆蒸成米粉，再配上卤水腊肉等佐料供将士食用。宋军食过后不仅胃口大开、神清气爽，而且原先水土不服的症状也得到改善。将士们纷纷称赞。从此，这道奇特的小吃就成了当地美食的代表，代代相传，经久不衰。

狄青

必荐星级 ★★★★★

必尝正宗地 ★

宾阳历史最悠久、味道最佳的便是芦圩南街酸粉，里面的严家、关家、邹家、老扁酸粉均是历代相传的老店。

必知一般价格

价格不贵，一两的大约在4~5元，二两的6~8元。

玉林牛巴

必享典故

传说玉林牛巴最早出现在南宋。在过去，牛是一个家庭最主要的劳动力，也是普通家庭最重要的财富。人们很少能吃到牛肉。

当时有一个邝姓的盐商，他家的牛因年老体衰死了。盐商舍不得将它丢掉，于是将牛分解，用盐把牛肉腌起来，晒成牛肉干。回家后，他把牛肉放到锅里煮，又辅以八角、桂皮等焖烧。牛肉出锅后异香扑鼻，左邻右舍闻香而至。主人便请大家共同品尝，众人纷纷称赞肉香味美。

玉林是岭南重镇，自古就商贾云集。这里小吃众多，风味独特，以历史悠久的牛巴最具代表性。早在北宋时就有《清异录》对其独特的美味进行记载。

其使用上好的黄牛臀部肉（俗称打棒肉）作为原料，洗净后切成薄片，用沸水去除血水，加白酒、精盐、酱油、白糖、味精、葱、姜、蒜等一起腌渍1~2个小时；再将腌好的牛肉片摊在太阳底下曝晒至七成干；然后下油锅煸炒，先在干净的锅内加入少许植物油，烧至七成热后加入切成丁条的柠檬、干松、草果、沙姜、花椒、桂皮、八角等爆香，再放入牛肉干用中火炒，待肉干回软，锅中无汁时，加入清油翻炒，盖上锅盖，改用文火慢慢煨制1~2小时；牛巴煨好后，拣去姜、蒜及香料，控去油汁晾凉，才算成菜。

必知一般价格★

牛巴因制作工艺复杂、选料精，价钱较其他小吃来说要高出不少。一斤在60~80元。

必荐星级

必品特色

正宗的玉林牛巴油亮香甜，口感极佳，有嚼头且没有牛肉的膻腥味。

必尝正宗地★

西街口这里汇集了玉林牛巴的多家老字号，包括邝氏、文十六、吴常昌、牛大叔等都可以在这里找到。

艾糍

艾糍是南宁的传统小吃，也叫艾粑粑，是南宁人在清明祭祀祖先时所制作的一道食品。在南宁民间有"吃了野艾草，春耕倍添劲"的说法。

艾糍就是将艾草或白头翁草加入糍粑里做出的。初尝时，艾糍味道浓烈，可能

会有些不适。但吃过后却回味悠长，风味难忘。根据李时珍《本草纲目》的描述，艾草性味苦、辛、温，入脾、肝、肾。以叶入药，具回阳、理气血、逐湿寒、止血安胎等功效。因此常吃艾糍，有利健康，尤其适合女性食用。白头翁草具有清热凉血、解毒的功效，且气味比艾草清香，用白头翁做的艾糍，适合肠胃湿热的人食用。

传说太平天国李秀成的得力大将陈太平被清军围迫到一座村子里。他找到附近的一户农民，请求帮忙。农民于是将陈太平也化妆成务农的样子，与自己耕地干活，将清军骗了过去；然后又将他藏在了村外的山洞里。清军没抓到人，很不甘心。于是在村口设岗，对每个村民都进行检查，以防他们把食物带给陈太平。那位农民回家后苦思冥想该带什么东西给陈太平吃，一不留神竟一脚踩在一丛艾草上，滑了一跤。当他爬起来时，发现自己手上、膝盖都被艾草染绿了。他顿时计上心来，赶紧把这些艾草采回家洗净挤汁，揉进糯米粉内，做成一个个团子，然后再把这些绿色的团子放在青草里，混过了村口的清军。陈太平吃了这些青团，觉得又香又糯，十分饱足。天黑后，他趁清兵换岗之机，绕回太平军大本营。后来，李秀成下令太平军都要学会做青团。于是，吃青团艾糍的习俗流传下来。

南宁昆仑关纪念碑

艾糍通体碧绿，艾香清新，吃起来凉口有韧性，风味独特。

这种小吃在南宁街头的小摊随处可见。

艾糍价格便宜，一个仅需1~2元。

海南小吃

　　海南原先隶属于广东，饮食受其影响颇深，不少烹调手法直接来自粤菜。但海南也凭借丰富的自然资源，广泛吸收各地烹饪手法，创造出属于自己特色的"琼式风味"。

　　海南的物产丰富，得天独厚的地理条件使这里常年瓜果不断，水产海鲜种类繁多，新鲜食材随处可得。因而海南小吃食材种类丰富新鲜，口味上讲究清淡原味。

海南粉

必尝美味

海南粉细如丝、白如雪。食用时在粉上撒上油炸花生米、葱花、炒芝麻、豆芽、肉丝、香油、酸菜、香菜等，再淋上店家自制的芡粉汁，味道鲜美无比。芡粉汁是海南粉味道的关键，好吃与否，全看其制作水平如何，因而店家一般都不会公开芡粉的制作方法。

海南人管这种吃法叫"腌粉"，其实就是北方所说的"凉拌"，因为海南粉较其他粉类细，所以非常容易入味。拌好后的海南粉，香气醇厚，余味无穷。

必品特色

海南粉纤细雪白，配菜芳香醇厚，配上一碗海螺清汤，更是鲜美无比。

必享典故

海南粉相传是在明正德年间，由一位从福建闽南迁来的工匠发明的。据说当时这位工匠带着上了年纪的母亲迁居到海南澄迈老城。但海南炎热的气候令他体弱多病的老母亲胃口不开。这位工匠看到当地产的稻米质地很好，便想出将稻米加工成米粉，淋上自己做的酱料腌渍好后请母亲吃。母亲尝后胃口顿时大开，身体也恢复了健康。

工匠的孝心流传开来，很多人纷纷慕名前来品尝他的手艺。由于他做的米粉白若凝脂，柔嫩爽滑，令人百吃不厌。于是，很快传遍全岛，被大家称为"海南粉"。

必荐星级

必知一般价格

一般的价钱在6~10元。

必尝正宗地

海口经营海南粉的摊档主要分布在海秀大道、西门市场、南门市场、义龙街、大同理、月朗新村等。最为正宗的，非澄迈县金江镇的杧果树海南粉莫属。这家店前有棵杧果树，人们常以此称呼店名。

抱罗粉

抱罗粉是海南人最常吃的一种粉，在琼北又叫做"粗粉汤"。它来自海南文昌的抱罗镇，从明代开始就是海南著名风味小吃。

真正的抱罗粉汤靓，米粉白嫩爽滑。吃时把烫熟的米粉晾凉，沥干水分，再摆上已经炒熟的笋丝、酸菜、牛肉干、猪肉丝，以及蒜油、香菜、葱花、花生米、芝麻仁等，最后再舀上一大勺滚烫的靓汤浇下，一碗鲜美的抱罗粉就做成了。

抱罗粉汤汁鲜美，加之米粉白嫩爽滑，佐料奇香，是到海南必尝的美味。

抱罗粉得名抱罗镇，据说早在明代时就已经有人制作。抱罗粉味道的精华主要来自汤靓。过去的汤底主要用牛骨煮制，后来经过厨师的不断发展，吸收了粤菜的上汤做法，在牛骨汤的基础上加入其他多种原料，这样熬出来的味道较之前的粉汤更加鲜美。因为用这种鲜汤冲调出来的米粉味道更为醇厚鲜美，经营抱罗粉的店家纷纷效仿，创制出自己独特的汤底。

必荐星级 👍👍👍👍👍

抱罗粉在海南的许多地方都有卖，其中在海口海南龙泉集团公司快餐部的抱罗粉曾获得过"中华名小吃"的称号；海甸三东路的"文昌抱罗粉"生意也不错。三亚第一市场的抱罗粉也较正宗。

抱罗粉经常被海南人当做三餐来吃，因此价格十分便宜，一碗3.5～6元。

海南鸡饭

　　海南鸡饭使用的是海南"四大名菜"之首的文昌鸡为原料，故而又叫做文昌鸡饭。经过厨师的精心制作，将文昌鸡皮薄、肉嫩、骨细的特点发挥得淋漓尽致。

　　文昌鸡享誉全国，可以说是到海南必尝的一道美味。海南鸡饭中的文昌鸡是用白切的手法进行处理，最大程度上保留了鸡的美味，加上橘子、蒜泥、生姜等佐料，别具海岛风味。

必享典故

　　文昌出过许多历史名人，其中最著名的当属宋氏一族。宋霭龄、宋庆龄、宋美龄、宋子文都是20世纪对中国历史发展产生过重大影响的人。

　　1936年，时任国民政府财政部部长的宋子文回乡祭祖，家乡人以白切文昌鸡款待。宋子文尝过后大为赞赏，临走时还让人打包几只带回广州，请其他官员品尝。于是文昌鸡一时名声大振。

鸡肉细嫩鲜美，米饭芳香浓郁，酱料丰富多样，吃后齿颊留香，回味无穷。

必荐星级 ❤❤❤❤❤

必尝正宗地

　　文昌鸡在我国香港、东南亚一带也倍受推崇，名气颇盛。三亚各餐馆均有供应，尤其是三亚东河东路的潭牛鸡饭店更负盛名。

必知一般价格

一份要价在8~15元。

薏粿

薏粿，即椰子糕，又叫"薏粑"、"燕粿"。其是海南第一批被冠以"中华名小吃"称号的风味小吃。海南人吃薏粿的历史悠久，民间普遍都会制作。其卖相虽不怎么样，但味道却绝不会让人失望。

薏粿制作时要先将大米与糯米混合浸泡，磨浆滤水压干，和成粉团，再把事先腌好的椰丝、芝麻、花生、油麻、猪肉丁等馅料裹入一个个小粉团内，最后用黄叶芭蕉托底上屉蒸熟即大功告成。

其外表洁白如雪，吃起来软绵香甜不黏牙，冰凉清爽，内层细密厚实，椰香迷人。

必享典故

300多年前，在海南岛上的一个村落，有一对相依为命的母子。母亲勤劳贤惠，儿子聪明伶俐，日子虽说艰苦，倒也其乐融融。儿子18岁成人时，便漂洋过海到台湾地区投奔到郑成功麾下，当了一名海军。

儿子离家在外，母亲分外思念，但却也只能在中秋佳节时，在月光下摆上儿子最爱吃的粿，焚香祷告祈求其早日平安归来。

时间匆匆，母亲整整祷告了30年，儿子仍然没有回来。但母亲仍不死心，终于在第31年的中秋节时，等到了已经染上白发的儿子。母子相会，儿子接过母亲亲手做的"忆粿"，不禁悲喜交加。于是，薏粿的名字便逐渐传开。

必荐星级 👍👍👍👍

必尝正宗地★

在海南，龙泉海鲜酒楼的海南椰子粿曾获得"中华名小吃"认证；此外，海口人最推崇的一家店是水巷口刘阿姨家，其坚持用最传统的手法制作，筋道十足，且易保存。

必知一般价格★

在海南街边贩售的一把般按切块大小来定价，大块2~4元，小块1~2元。饭店里的要价较高，一份在10~15元。

椰奶清补凉

必尝美味
清补凉在粤语中的意思是夏天清热补湿的老火汤，在岭南一带非常流行，其街头路边几乎处处可见卖清补凉的摊子。海南人也常常在椰子树下端着一碗清补凉，悠闲地吹着海风，享受大自然的馈赠。

与其他地方的清补凉相比，海南的清补凉是依据当地气候特点与生活习惯，选取当地生产的花生、绿豆、菠萝、椰肉、西瓜、凉粉块等去火消暑的原料而制，味道自然甘甜。

必享典故

宋哲宗绍圣四年（1097年），苏轼被贬广东惠州。文人的清高让这个年逾花甲的老人心里不服，写了一首讥讽朝廷的诗，再次惹恼了当权者。于是被贬至海南昌化（今儋州中和镇），过着"食无肉，病无药，居无室，出无友，冬无炭，夏无寒泉"的悲惨生活。但苏轼却能以超然的态度对待，他与当地百姓结下了深厚的情谊。

苏轼

海南夏季炎热难耐，当地人特地为苏轼准备了清热消暑的清补凉。大文豪尝过后不禁大赞："椰树之上采琼浆，捧来一碗白玉香。"从此之后，这道飘着椰香的清补凉便成了苏东坡在琼期间的最爱，每日必饮一碗。

必品特色
椰奶营养丰富，加入爽口甘甜的清补凉，在炎炎夏日吃上一口，超爽舒适，实为消暑降火的绝妙佳品。

必荐星级

必尝正宗地

在海口市，人们喜欢去新华南路那几家"老字号"买上一碗。此外，海南岛三西路、万绿园四维电影院、国兴大道、红城湖路等地的也有不错的口碑。

必知一般价格

清补凉的价格不贵，一碗一般3.5~5元。

黎家竹筒饭

黎族是海南居住历史最悠久的土著民族。他们在饮食上讲究原汁原味，竹筒饭就是其饮食的代表之作。

黎家制作的竹筒饭选取的是猪瘦肉与当地产的山兰米。首先将猪肉剁成小块，放入调料腌制，放入锅中炒熟后取出，与山兰米一起拌匀；然后把已经拌匀的猪肉与山兰米装入竹筒里，竹筒的内壁事先抹上一层猪油，这样做出来的竹筒饭既不容易黏壁，也更香；最后倒入当地的山泉水，用布封口，再放入烤箱烤熟就能取出来吃了。

竹节青翠，米饭酱黄，香气飘逸，柔韧透口。吃时，再饮一口黎家"山兰酒"，慢品细嚼，趣味盎然。

黎族织锦工艺

必享典故

自古以来，黎族人在上山狩猎或出门远行时都随身携带稻米和火石，以便在饥饿时能随时做出香美可口的竹筒饭。有时在山上捕获了猎物，还会将其瘦肉拌混在糯米中，加入盐巴，装入刚砍下的竹节里就地烤制。一般他们不会马上吃，而是带回家与妻子、孩子一起分享。

过去黎家制作竹筒饭，是在山野上用木炭烧制，做法十分粗犷原始。如今经过厨师们的改进，这道黎家传统美食可以登上宴席餐桌，成为海南著名美味了。

必荐星级 👍👍👍👍👍

必尝正宗地

海口、三亚、文昌等旅游城市的各家饭店都会推出黎家竹筒饭；海南乐东黎族苗族自治州的街边小摊也有竹筒饭出售，味道也更为正宗。

必知一般价格

用水蒸煮的竹筒饭一份4~6元；而烤制的因用时较久，价钱也比较高，一份10~15元。

锦山煎堆

煎堆是著名粤式茶点，岭南的许多地方都会制作。其种类繁多，是十分受欢迎的小吃。

煎堆在海南俗称"珍袋"。锦山煎堆选用上乘糯米制作果皮，用花生油炸熟后立即捞出，在盛满芝麻的盘内滚一圈，利用余温将芝麻的香味散发出来。不论果皮还是馅心，都香气浓郁。

皮香酥脆，色泽金黄，芝麻香气浓烈，且可选择的馅料有十几种，可以满足不同口味的需求。

必荐星级 👍👍👍👍

必享典故

锦山镇的煎堆已有数百年历史。如今，当地人仍然保留着逢年过节时相互赠送煎堆的习俗。据专家考证，煎堆是由中原地区的"煎䭔"（duī）演变而来的。唐朝诗人王梵志曾有诗赞曰："贪他油煎䭔，爱若菠萝蜜。"后来因各种原因汉人南迁至岭南一带，也顺便将这种食品带到了这片蛮荒之地。

明末清初的文学家屈大均在《广东新语》中对岭南一带的煎堆有记载："广州之俗以烈火爆开糯谷，名曰爆谷，为煎堆的心馅。煎堆者，以糯米粉为大小圆，入油煎之，以祭祀祖先及馈亲友者也。"清末民初的一首《羊城竹枝词》也有"珠盒描金江络索，馈年呼婢送煎堆"之句

必尝正宗地 ★

以文昌市锦山镇的煎堆最为出名，在镇上有许多经营煎堆的摊子。

必知一般价格 ★

作为一般小吃，煎堆的价格不高，一般一份需5~8元。

重庆小吃

　　重庆小吃以小巧精致、种类繁多著称，以麻、辣、鲜、香、甜为主要特点。现在流行的小吃有180余种。因重庆原是四川省的一个市，在1997年才分离出来，故其饮食文化与四川较为一致，很多四川小吃在重庆都能找到，如抄手面、串串香、麻辣烫、担担面等。

　　重庆小吃不仅是一种独特的美味，更是巴蜀文化的重要组成部分。很多小吃的名称、制作工艺、食用方式等，均蕴含着重庆人的审美情趣。旅游重庆，千万别错过其独特风味！

重庆小面

必尝美味 重庆小面是重庆人的日常早餐之一，其在当地的名气超过火锅。清晨早餐时段，街头巷尾的小面面馆都挤满了市民。由此足见小面对于重庆人日常生活的意义。当地有"要了解重庆人，就去吃碗小面"之说。

重庆小面只是一个统称，包括素小面、牛肉面、炸酱面、豌豆面等。小面以香鲜麻辣著称，佐料有油辣子、花椒面、姜蒜水、葱花、碎炒花生、油炸黄豆、酱油、猪油、榨菜粒、芝麻酱等。煮面时用面汤或肉汤、菜汤来煮，味道好；若用清水煮，味道稍差。面煮好后，盛入碗中，加入佐料和烫过的鲜菜，即可食用。

必享典故

"不吃小面不自在"是重庆十八怪之一，是说若隔天不吃小面，让人想得慌，身心皆不自在。在重庆，清早街边小面摊的生意格外红火，不论男女老少，绅士或外来打工者，都放下身段，三下五就吃了一碗面。一碗下肚之后，方觉舒畅，找回了以前的感觉，继而开始一天新的生活。

必荐星级 👍👍👍👍👍

必知一般价格 一般每碗5~10元。

必品特色 **面条筋道滑溜，汤汁香鲜麻辣，一碗下肚，能吃出汗来。**

必尝正宗地 以渝中区解放西路171号（储奇门中药材市场对面）的眼镜面馆、中山三路139号希尔顿酒店旁的胖妹面庄、青年路万豪酒店对面花市的花市豌杂面；渝北区松石支路108号龙聚园2栋板凳面庄、金龙路龙溪小学旁朱儿面；江北区五红路金科丽苑32号（五里店小学旁）的聚园面庄；沙坪坝区磁器口正街164号古镇米线小面、三峡广场地下通道王府井出口的董小面；九龙坡区杨家坪步行街的铜豌豆、杨家坪石坪桥横街老太婆饭庄的为正宗。

重庆酸辣粉

酸辣粉是重庆、四川、贵州的传统名小吃，以重庆的最为有名，是用红薯粉条制作的酸辣粉条汤。由于价格低，味道美，一直深受当地人的喜爱。其基本做法是先把红薯、豌豆按比例制成粉条；另用猪骨、鸡骨、牛骨、一点海鲜和佐料熬制成汤；食用时取一勺汤入锅煮沸，放入粉条煮熟，再加些配菜、盐、辣椒油，即可出锅入碗；最后加点香醋、香油即可。

粉条筋道，汤酸辣鲜香，爽口开胃。

必享典故

在四川和重庆，红薯称为红苕。制作酸辣粉的粉条以红薯粉条为最佳，口感筋道，有咀嚼感，吃起来滑爽，即使煮后泡半个小时也还有弹性。酸辣粉的汤含有丰富的钙质、骨胶原、氨基酸等，很有营养。但一些劣质酸辣粉的汤水是用水加辣椒和醋做的，没什么营养，最好不要喝。

必荐星级 👍👍👍👍👍

必知一般价格 一碗6~8元。

必尝正宗地 以重庆市渝中区解放碑八一路好吃街的好又来、沙坪坝区石桥铺哎哟味甜品奶茶酸辣粉、江北区北城天街4号香港城小吃街（近莱得快）陈记百家酸辣粉、巴南区马王坪正街东头北侧四季旺酸辣粉、铜梁县步行街手工酸辣粉最为正宗。

江津米花糖

必享由米

江津米花糖是重庆江津区的传统名产品，是用糯米和白糖做的糕点。其制作过程是将糯米蒸熟，抖散晾干，入锅加糖水焙制；每5公斤糯米用200克饴糖水，糠水比例1∶10，糖水用完后，改用砂炒，1粒米可涨到4粒米大；将涨大的米倒入糖浆内，加少许的熟花生仁、核桃仁、芝麻仁，搅拌均匀，倒入案上方匣内，摊开成方块，再用刀切成小块即可，每块重约125克。

米花糖有很多品种，有香油米花糖、猪油米花糖、油酥米花糖、芝麻秆米花糖、怪味胡豆米花糖、开水米花糖等。其中的开水米花糖是重庆南岸食品厂的制品，食用时需用开水泡一会再食用。

江津米花糖已有100多年的历史，俗称谷花。"玫瑰"牌油酥米花糖是江津正宗老字号产品，早在1943年就获得"四川省农业改进厅甲等奖"，1985年荣获中商部国家旅游局优质产品奖，1993年被评为首批重庆名牌产品，1996年被评为国际名牌食品。

酥脆无渣，香甜可口，具有米花清香。

以重庆市江津米花糖有限责任公司的玫瑰牌米花糖、重庆南岸食品厂的开水米花糖最为正宗。另外，荷花牌米花糖、几江牌米花糖、芝麻官牌米花糖、顺发牌米花糖也比较有名。

必荐星级 👍👍👍👍👍

450克装一袋15~20元。

重庆抄手

必尝美味 　重庆抄手属四川抄手的一个分支，是山城人喜爱的小吃之一，有红油抄手、清汤抄手、鸡汁抄手、牛臊抄手等几种。红油抄手是在煮好的抄手上加辣椒红油，味道麻辣鲜香。清汤抄手是在煮好的抄手上加清汤，皮薄肉香，汤味清鲜。鸡汁抄手是抄手煮好后另加用鸡骨、鸭骨熬制的汤，美味可口，肉香浓郁。

必品特色 **玲珑剔透，皮薄馅大，细嫩鲜美，汤味多样。**

必享由来
　　民国时期，重庆的抄手没有成都的名气大，当时名气最大的是成都青石桥的"吴抄手"，于是各地的抄手店纷纷取名"吴抄手"。1952年有几个重庆人开了一家抄手店，也取名"吴抄手"。重庆吴抄手在选料上十分讲究，面粉一定选最好的，馅是用猪背柳肉剁成肉蓉，再加金钩等配料做成。煮好的抄手鲜美顺滑、皮薄肉嫩。
　　重庆吴抄手的品种也比其他抄手店多。其于1999年获国家商业部"优质食品金鼎奖"，2000年获中国烹协授予的"中华名小吃"称号。

必荐星级

必尝正宗地★

必知一般价格★ 一碗8~15元。

以重庆市渝中区中华路74号吴抄手、渝中区青年路77号JW万豪大酒店附近传奇抄手、中华路171号胖子妈抄手、南岸区南坪步行街老麻抄手、沙坪坝区三峡广场凯瑞商都旁边蒋抄手最为正宗。

陈麻花

必尝美味

陈麻花是重庆古镇瓷器口的名产品，是用面粉、糯米粉、花生油、核桃油等做成的，味道酥软，口味独特，先后获得"重庆特产"、"重庆名点"等称号。陈麻花有甜、椒盐、麻辣、蜂蜜四个品种。甜味麻花香甜可口，入口即碎，老少皆宜；椒盐麻花口味略咸，酥脆化渣；麻辣麻花集甜、麻、辣于一体；蜂蜜麻花口味纯甜，常被当做礼品。

必享典故

陈麻花是近10多年才发展起来的小吃品种。麻花原是重庆及合川的街头小吃之一，有很多店家经营。从1998年起，合川县金钟村人陈昌银也开始在重庆街头卖麻花。他做麻花的技术来自其村的老人家。2000年磁器口古镇搞旅游开发，他便在此开店经营。不久，陈麻花成为磁器口的知名美食。2003年已发展为年利润百万元的公司，又注册了"陈昌银"和"古镇陈麻"两个商标。2005年陈昌银的麻花上了中央电视台的节目，名气一时高涨起来。于是其他麻花店纷纷改名为陈麻花，一条街上共有八家陈麻花。

必品特色

酥、脆、香，入口即碎，甘甜纯正，麻辣可口。

必荐星级

必尝正宗地

以重庆市沙坪坝区磁器口正街53号陈麻花、磁器口南街8-9号陈麻花分店最为正宗。

必知一般价格

一袋500克的为10~12元。

四川小吃

四川地处四川盆地，气候温和，物产丰富，号称天府之国。其地民众勤劳忠厚，个性鲜明，且心灵手巧，做出来的小吃风味独特，种类繁多，在全国都数前列。市井传云："江西人不怕辣，湖南人辣不怕，四川人怕不辣。"川人喜食辣椒，故其小吃多麻辣香酸，追求口味感觉畅快。

四川小吃种类多，四季皆有时节小吃；物美价廉，价格低于我国中东部地区；善于用汤水，多是肉汤或调料汤；质量好，讲究正宗原料。正因为有这些优点，其在全国都深受人们喜爱。

夫妻肺片

 必尝美味 　夫妻肺片原名夫妻废片，是成都著名的小吃，有100多年的历史，是用牛头皮、牛心、牛舌、牛肚等切成薄片，配以红油、花椒、芝麻、香油、味精、酱油等调料和鲜嫩的芹菜等做成，因价廉味美，深受群众的欢迎。

必品特色 **夫妻肺片色泽红亮，软嫩爽滑，脆筋柔靡，麻辣鲜香。**

必享由来

　相传清朝末年，成都街头便有卖凉拌肺片的小摊。20世纪30年代成都少城附近有一男子名郭朝华，与其妻一道以制售凉拌肺片为业。当时成都回族居民只食用牛羊肉，将内脏丢弃。郭朝华夫妻捡起这些被废弃的内脏做成肺片。由于味道鲜美，价廉物美，很受好评，特别受到拉车夫、脚夫和学生们的青睐。据说当时成都长顺街有一家"张婆酒铺"，有好酒却无好菜，店主遂邀郭氏夫妻俩在铺前摆长摊，互借他长。某日，一客商赞赏"废片"的味道，竟送来"夫妻废片"四金字牌匾。从此他们经营的废片正式定名为"夫妻废片"。后来有人嫌"废片"不雅，便改名为"肺片"。1985年正式注册商标"夫妻肺片"。如今"夫妻肺片"已成为一个杰出品牌。

必荐星级 ★★★★★

必尝正宗地 　夫妻肺片各分店的味道均非常正宗：金牛区人民北路二段268号（人民北路店）、青羊区红照壁街27号（红照壁店）、锦江区总府路23号（总府路店）等。

必知一般价格 　价格根据分量而定，一般每份10~20元。

赖汤圆

赖汤圆是成都有名的小吃，已有百年历史。其做工精细、质优价廉，品种有黑芝麻、洗沙心、玫瑰、冰橘、枣泥、桂花、樱桃等；馅心有圆的、椭圆的、锥形的、枕头形的。其鸡油四味汤圆一碗四个，四种馅心，四种形状，小巧玲珑，配以白糖、芝麻酱蘸食，风味别具。

其色泽洁白、皮薄馅丰，煮时不烂皮、不漏油、不浑汤；吃时不黏筷，不黏牙，不腻口，爽滑软糯，滋润香甜。

必荐星级

必享典故

赖汤圆的创始人是四川资阳东峰镇人赖元鑫。赖元鑫少年时父母双亡，便跟着堂兄到成都一家饮食店当学徒，后来因得罪了老板，被辞退。1894年，他向堂兄借了几块银圆，以挑担卖汤圆为生。他看到成都卖汤圆的人很多，便认识到要站住脚，必须有过人的质量，便磨细米粉，加重糖油心子，早上卖早堂，晚上卖夜宵，起早贪黑，苦心经营，直到20世纪30年代才在成都总府街口开店经营，取名赖汤圆。因为品质好，样式多，赖汤圆很快成为成都名小吃。

以四川省成都市锦江区总府街27号赖汤圆总府店的最为正宗。

价格视分量而定，每份5~10元。

龙抄手

必尝美味 抄手是四川人对馄饨的称呼。龙抄手是成都的抄手中最有名的一个，因其店名为"龙抄手"而得名。龙抄手小吃店于1941年开设于成都的悦来场，后迁到新集场，又迁至春熙路南段今址，至今已有70余年的历史。龙抄手的面皮是用优质面粉配鸡蛋制作的，薄如纸，细如绸，透亮光；肉馅是用肥三瘦七比例的猪肉剁细成泥，加入配料搅拌而成，黏稠爽滑；原汤选用鸡肉、鸭肉、猪肉等经猛炖慢煨而成。龙抄手的主要品种有原汤、炖鸡、海味、清汤、酸辣、红油等。

必享典故 传说唐明皇为避安史之乱来到成都，时间一长，想念京城长安的馄饨，便让厨师去做。成都的厨师没见过馄饨，只听说是面皮包馅的面点，并不知怎么做。正在思考之时，看见唐明皇在俯身赏花，两手交于胸前，立刻有了主意。便用皮裹上一点肉馅，先卷成长筒状，然后两头交叠，轻轻一捏，模样如同两手交于胸前，故取名"抄手"。

必品特色 皮薄馅嫩，爽滑鲜香，汤色乳白，香鲜味美。

必荐星级 👍👍👍👍👍

必尝正宗地 以锦江区春熙路南段6-8号龙抄手老店的最为正宗。其分店有青羊区文殊院街35号（文殊坊店）、锦江区华兴正街54号（华兴正街店）、金牛区羊西线一品天下大街A区1幢（一品天下店）、锦江区西府街（西府街店）、青羊区浣花北路9号附3号（浣花店）、武侯区西安路十二桥37号附3号（十二桥店）。

必知一般价格 各店价格不同，一碗约5~10元。

钟水饺

钟水饺是成都名小吃，已有100多年的历史，因其原店主姓钟而得名。其馅全用猪肉，不加任何蔬菜。煮好上桌时淋上香味浓郁的调料。钟水饺最为有名的品种是红油水饺和清汤水饺。红油水饺味道鲜香微辣，咸中带甜，配食该店特制的椒盐酥锅盔，滋味特别。清汤水饺味道清淡鲜美，为面食中的佳品。

皮薄透亮，馅饱汁厚，味道鲜美，红油水饺微辣带甜，清汤水饺汤味鲜香。

必享由来

钟水饺始于清光绪十九年（1893年），店名原为"协森茂"，创始人是钟少白，因其水饺风味独特，很快打响了名声。1931年起协森茂挂起了"荔枝巷钟水饺"的招牌。新中国成立后钟水饺店改为公私合营。1992年其被成都市人民政府列入"成都名小吃"，1995年被国内贸易部授予"中华老字号"称号，1999年获"中华名小吃"称号。

钟水饺各分店味道正宗，其地址为：武侯区武侯祠大街2号、金牛区羊市街15号隔壁、青羊区文殊院对面、锦江区二号桥头军转餐厅旁、武侯区南门大桥下经典书城旁、成华区建设路71号82宿舍、近郊都江堰市迎宾大道88号、少城路12号人民公园紫薇阁内等。

一套餐25元左右。

串串香

必尝美味

串串香又叫"麻辣烫"、"热锅麻辣烫"，是一种街头小摊火锅，现烫现卖，方式灵活，既便宜，又有火锅味，所以又称为小火锅。串串香的底汤有红汤（麻辣）、白汤（骨汤）、清汤（鲜香）、海鲜汤四种，是用鸡骨、猪骨、海鲜、蘑菇等配以干贝、草果、丁香、砂仁、桂皮等20余种草药和调料熬制而成。可烫之菜有生肉片、蘑菇、蔬菜、鱼虾等。烫出来的菜口感鲜美，开胃顺气。但汤最好不喝，多数太辣或太浓。

必品特色

串串香麻辣香鲜，味道多样。

必荐星级 ★★★★★

必享由来

串串香是最近几十年才发展起来的一种小吃，于20世纪80年代出现于四川，主要是适应人们生活节奏加快，流动性大的趋势，因此很快盛行起来，现在已成为四川小吃的代表，并在全国各城市推广开来。在四川有名的串串香品牌很多，有乐山大众串串香、签味王串串香、徐妹串串香、余一手串串香、袁记串串香、六婆串串香、川菜映像串串香等，各有特色，味道也不尽相同。

必尝正宗地

以成都青羊区草堂北路玉林串串香、青羊区陕西街袁记串串香、锦江区福兴街62号梓潼桥王梅串串香、青羊区大业路16号徐妹串串香、大业路36正宗手提串串香、武侯区七道堰街余一手串串香、武侯区浆洗街6号六婆串串香；都江堰市光明街签味王串串香，乐山市钟楼街竹锦城6—7号（近川剧团）大众串串香，德阳市岷江东路中嘉苑旁巴适园串串香最为正宗。很多店在本市或外市开有多家分店，食客可就近查找。

必知一般价格 ★

根据菜的不同，一串0.5~1.5元。

韩包子

韩包子是成都有名的特色小吃，已有80多年的历史。1914年温江人韩玉隆在成都南打金街开设"玉隆园面食店"，所做的包子因味道格外鲜美而美名远扬。在韩玉隆之后，其子韩文华接替经营又创制出"南虾包子"、"火腿包子"、"鲜肉包子"等品种，在成都饮食行业走红。后来韩文华将其店名更换为"韩包子"，专营包子，生意越做越红火。

韩包子在制作上严格遵循用料比例，用料考究，制作精细。其面皮是用面粉、猪油、白糖等制作的，馅心则按不同口味调配，用炸猪肉和鲜猪肉配以上等酱油、胡椒粉、姜汁、川椒粉、料酒、味精、鸡汤等10余种调料拌匀而成。

必品特色

韩包子现共有叉烧、芽菜、火腿、鲜肉、三鲜、香菇、口蘑、附油八个品种；皮薄色白、花纹清晰、馅心细嫩、松软化渣、鲜香可口。

必享典故

韩包子在成都享有很高的声誉，有人评曰："北有狗不理，南有韩包子，韩包子物美价更廉。"著名书法家徐无闻曾给韩包子撰写一副对联："韩包子无人不喜，非一般馅美汤鲜，知他怎做？成都味有此方全，真落得香回口畅，赚我频来。"对联形象地描绘出食客对韩包子的喜爱。

必荐星级

必知一般价格

约1.5元一个，根据不同食量，一般吃饱需3~10元。

必尝正宗地

以成都市武侯区武侯祠大街242号附1号韩包子总店最为正宗。其分店有锦江区春熙路北段27-29号4楼、一环路东三段64号；青羊区蜀都大道总府路12号、长顺中街154号；金牛区交大路16号、武侯区高升桥中路5号、高升桥东路7号；成华区建设路2号国光大厦1楼、建设南1路东头路南等。

肥肠粉

必尝美味 肥肠粉是成都最有特色的小吃之一，是用红薯粉条、红油与肥肠做成的，物美价廉，在川西城乡广为流行，有"天下第一粉"之誉。肥肠粉分为辣味和白味，辣味的麻辣爽口，白味的清香宜人。另加的小节肥肠称为节子。食用时还配有锅盔，可掰碎泡着吃。若加点食醋，则成了酸辣粉，一碗下肚，真是很好的享受，让人久久回味。

必品特色 麻辣鲜香，色红味美，粉条晶莹剔透，软滑香糯；肥肠卤香细腻，滑爽耐嚼。

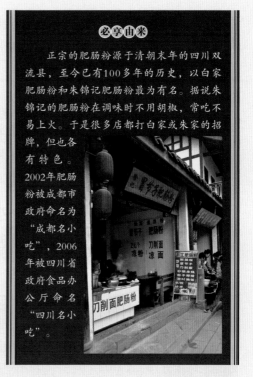

必享由来 正宗的肥肠粉源于清朝末年的四川双流县，至今已有100多年的历史，以白家肥肠粉和朱锦记肥肠粉最为有名。据说朱锦记的肥肠粉在调味时不用胡椒，常吃不易上火。于是很多店都打白家或朱家的招牌，但也各有特色。2002年肥肠粉被成都市政府命名为"成都名小吃"，2006年被四川省政府食品办公厅命名"四川名小吃"。

必荐星级 ★★★★★

必尝正宗地 成都的肥肠粉店很多，以青年路、春熙路、梁家巷、九眼桥、四川联大外面等地最多。其中最有名的有锦江区青石桥北街成物大厦附近白家肥肠粉总店、青羊区实业街28号附2号朱记肥肠粉、金牛区马鞍北路18号甘记肥肠粉。各家名店都开有分店，可就近选择。

必知一般价格 分大小碗，一般7~10元一碗，小碗稍便宜，要节子另加1~2元。

担担面

担担面是四川非常有名的一道小吃，已有100多年的历史。相传其由一个人称陈包包的自贡小贩于1841年创制。因早期是用扁担挑着沿街叫卖，故名担担面。担担面的挑子一头是火炉和热水锅，一头是碗筷、调料和洗碗的水桶。担担面的独特之处在于其面臊和调味料，被叫作"脆臊"，取猪腿肉剁成肉末，放入热油锅炒熟，加料酒炒干水分，再加盐、胡椒粉等调味，然后放入少许甜面酱炒香，肉末呈茶色，微微吐油可以起锅。担担面的调味料很多，有盐、味精、酱油、醋、辣椒油、花生碎末、香油、芝麻粉、白糖、碎米芽菜、葱花和少许的鲜汤等。

必享由来

川菜有三大派系：上河帮（蓉派）、小河帮（盐帮菜）、下河帮（渝派）。担担面来源于川菜的哪一派说法不一，但有经验的老厨师大都认为其应该起源于川东下河帮（渝派）。原因是川菜三大派系各自用辣椒的方法不一样，担担面中的辣椒用法是下河帮的方法，并且其主要原料是川东菜，是川东达州一带的特产，川东人叫做老咸菜，而自贡宜宾好用芽菜，所以说担担面是出自川东达州一带的下河帮（渝派）。

其面条细薄，臊子肉质香酥，咸鲜微辣，汤汁微酸。

必荐星级

必尝正宗地

以自贡市自流井区北部五星街东方广场坡坡下的李信元担担面老店、成都市人民中路1段30号附6号成都担担面总店、武侯区武侯祠大街242号成都担担面、青羊区人民中路一段44号成都担担面等最为正宗。

必知一般价格

一般8～12元一碗。

宜宾燃面

必尝美味

宜宾燃面原名叙府燃面，是宜宾最有特色的传统名小吃，早在清光绪年间就有人经营，因其油重无水，引火即燃，故名燃面，又称油条面。燃面是用本地的水面条煮熟，捞起甩干，去除碱味，入碗，再加猪油和佐料；佐料有小磨麻油、八角、山奈、金条辣椒、上等花椒、味精、香葱等；另加黄芽菜、豌豆尖、菠菜叶、芝麻、花生、核桃等辅菜，最后放些臊子即可。其臊子有牛肉、肥肠、三鲜、排骨、炖鸡、辣鸡、蘑菇、干筋、蹄花等十几个品种。做出的燃面物美价廉，既可佐酒，又可果腹，很受本地人和游客喜爱。由于燃面较干，往往配有一碗特制的汤，是用猪油、紫菜、豆芽、一点细盐和胡椒等煮成的，清淡鲜美。

必品特色

松散红亮、香味扑鼻、筋道酥脆，辣麻相间、味美爽口，点面可燃。

必荐星级 👍👍👍👍

必知一般价格

燃面分素燃面和荤燃面，素燃面6~10元，荤燃面8~13元。

必享由来

宜宾燃面早在清朝光绪年间就已经很有名了，流传地方很广，甚至到了黔西北地区。1961年，朱德到宜宾视察工作，品尝了正宗宜宾燃面后，说"几十年未吃到这种面了，希望继承下去"。1990年10月宜宾燃面获"四川省名小吃"金奖，1997年12月被评为"中华名小吃"。原国家总理李鹏称赞宜宾燃面为"天府一绝，天下一绝，川味一绝"。

必尝正宗地

宜宾市鲁家园路段宜宾燃面馆、发展街31号燃面馆、人民路19号燃面馆、翠屏区滨江路龙凤面庄、桑林里40号一线天燃面；成都市武侯区九茹村一环路南三段33号宜宾燃面、成华区双林路100号五粮液酒店内的宜宾燃面、近郊新都区新都大道8号西南石油大学后门附近张燃面、武侯区洗面桥街12号罗氏宜宾燃面、金牛区一环路北三段新46号贤仁阁宜宾燃面、锦江区北顺路6号附10号宜宾燃面、武侯区神仙树北路34号酒乡燃面。

伤心凉粉

必尝美味 伤心凉粉是资阳市的特色小吃，是用豌豆凉粉配以红油、小米辣椒油、盐、醋、姜汁、蒜汁、葱花、花椒、鸡精、酱油、味精等调成的凉食，出现于清朝早期，起源地是安岳县周礼镇。由于食客往往被辣得一把鼻涕一把泪，如伤心落泪，越吃越"伤心"，故名伤心凉粉。它先后被评为"安岳县名菜"、"资阳市名小吃"。很多人专门到安岳吃这种凉粉。

必品特色 其色泽鲜亮，爽口滑嫩，麻辣辛香，食者即使辣得涕泪横流，还是想吃，食后感觉畅快、过瘾。

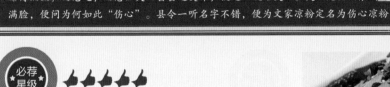

必享典故 清朝初年湖广填四川时，广东的文姓一家迁到了四川资阳，以种地为生。他家善长种豌豆。为了挣些钱，他便将豌豆磨成了粉，做成豆腐、粉丝、凉粉来卖。到其第二代的文江源时，开始试做好吃的凉粉。结果他做的凉粉香味扑鼻，人们竞相购买。有些泼皮心里嫉妒，便联名上告引县衙说文家的凉粉里加有鸦片烟，会上瘾。县令便审问文江源，文江源死活不承认。县令便令他现场做，不放鸦片烟，味道还要那么好。不一会儿凉粉做成，香辣扑鼻。县令吃了辣得泪流，还想吃；又想让夫人尝尝这美味，便送一碗给夫人。夫人见他泪痕满脸，便问为何如此"伤心"。县令一听名字不错，便为文家凉粉定名为伤心凉粉。

必荐星级 👍👍👍👍👍

必尝正宗地★ 资阳市安岳县周礼镇伤心凉粉店，成都市青羊区文殊坊街伤心凉粉，分店有金牛区花牌坊街（电子高专对面）、锦江区东御街19号人民商场B1楼（近天府广场）、近郊龙泉驿区洛带镇广东会馆内、武侯祠大街锦里、酱园公所街66号、锦江区暑袜南街34号（太平洋影城对面）。

必知一般价格★ 各店价格不一，视分量大小，一般每份6～11元。

川北凉粉

 必尝美味 川北凉粉是南充一带的传统美食，出现于清末，是豌豆凉粉制作的麻辣小吃，在四川很有名气。豌豆凉粉的制作方法是先把豌豆用水浸泡，再磨成细浆，过滤去渣，沉淀脱水，制成豌豆淀粉；取些淀粉入锅，加水，加热，搅拌成糊状，盛入盆中晾凉，即成凉粉。食用时将凉粉切成薄片或细条，装入碗里，加盐、蒜泥、花椒水、酱油、辣椒油、味精、香油等，即可食用。

必品特色 川北凉粉质细柔嫩，筋力绵软，明而不透，鲜美滑爽，香辣利口。

必享典故 清朝末期，南充县江村坝农民谢天禄制作的豌豆凉粉质细柔嫩，筋力绵软，加上调料，凉粉味道鲜美，在当地很有名气。其后陈洪顺对其工艺加以改进，所制凉粉明而不透，细而不断，加之调料味好，很快就在川北一带有了名声。南充市和成渝等地的很多凉粉店多以"川北凉粉"为招牌，来招揽生意。1960年3月9日朱德回家乡南充视察工作时，还特意品尝川北凉粉，很是称赞家乡的这一美食。

 必荐星级 👍👍👍👍👍

必知一般价格 一碗5～10元。

 必尝正宗地 南充市顺庆区三公街41号附1号巷内李凉粉、顺庆区吉隆街李凉粉、北湖公园川北凉粉、涪江路统一优玛特超市旁边川北凉粉、蓬安县相如广场川北凉粉、顺庆区模范街川北凉粉；成都市红牌楼家乐福3楼川北凉粉、金牛区沙湾路1号卜蜂莲花2楼川北凉粉。

三大炮

三大炮是著名的四川小吃，是由糯米制成的一种糍粑，现吃现做，从热的熟糯米盆中抓起一把，分开团成三团，抛扔到装满芝麻粉和黄豆粉的竹簸箕中，"砰、砰、砰"三声响，黏上一层芝麻黄豆粉，捡起三个装为一盘，浇上红糖汁，撒上芝麻即成。因有这"砰、砰、砰"三声响，故名三大炮。一般要趁热吃，吃时常配以"老鹰茶"，清香甘甜，滋味浓厚。

必享典故

三大炮是成都每年青羊宫花会上的主角之一，从清末就是如此。因为它属表演型的美食，动作夸张，吸引人，越是人多的地方，它越有竞争力。在一张木板上摆着几个铜盘，两两相叠，分排行。木板下面有一口热气腾腾的大铁锅，里面是舂好的糯米饭。厨师从锅里扯出一把糯米，分成三团，抛进装有黄豆面的簸箕内，发出"砰、砰、砰"三响，然后每三个拣为一盘，浇上红糖，撒上芝麻，即可让顾客品尝了。

 必品特色

香甜可口、酥软化渣，不腻不黏，且价廉物美。

必荐星级

成都制作三大炮的店家有很多，以"福祷轩耗子洞"的风味最正。另外，武侯区锦里九品街10号李长清三大炮、武侯区武侯祠大街231号附1号锦里小吃一条街、武侯区武侯祠大街耍都门口的大邑黄醪糟、青羊区文殊院街尽头右转文殊坊美食街、近郊龙泉驿区洛带古镇李长清三大炮、青羊区鼓楼南街16号耗子洞张鸭子的，也较为正宗。

必尝正宗地

 必知一般价格

大约5元2个。

冰粉

必尝
美味

冰粉是四川的一种消暑小吃，是用冰粉树（薜荔）的果浆制成的凉粉，明末清初时由武阳（今彭山县）女子王味缘创，因此又称"味缘冰粉"。最初冰粉只在彭山县内流行，至清朝中晚期已传遍整个四川。

冰粉是用冰粉树（薜荔）的果浆加些石灰水（或碱）凝固而成的，有清热祛风的功效。薜荔为桑科常绿攀缘性灌木藤本植物，别名木莲、凉粉果、鬼馒头、凉粉子、木馒头、凉粉藤等，有不定根，常攀附于墙壁、岩石或树干上，分布于中国华东、华南和西南、长江以南至广东、海南各省。其成熟果实的果浆可制凉粉。其果实性味酸平，《本草纲目》云其功效："壮阳道尤胜，固精消肿，散毒止血……治久痢肠痔。"

必品
特色

冰粉爽滑、透明、凉爽，能清热解毒，是消暑的好食品。

必享典故

明末清初时，武阳（今彭山县）有一女子叫王味缘，她发现青藤的果浆溢出后凝成了结晶，似冰非冰，尝了一下，竟然很好吃。于是又加了点红糖，味道更好，凉甜可口。她又让别人品尝，都说是美味。从此才知道这种青藤的果实能制凉粉，人们将其称为冰粉。

必尝
正宗地
★

成都近郊新津县恩宝专卖店旁蒋氏冻冰粉店、锦江区华兴上街附近华兴上街冰粉店、武侯区七道堰街成都煮冰粉店、锦江区暑袜南街34号伤心凉粉、成华区新鸿南路75号巴蜀大宅门火锅。

必荐
星级
★

👍👍👍

必知
一般价格
★

各店价格不一，依分量计价，一般每份2～4元。

贵州小吃

在西南一带，人们常说："云贵川，不分家。"足见贵州与四川的联系有多紧密。贵州小吃不论从口味上还是做法上受川菜影响极深，如，他们都嗜辣如命，做菜的时候油大、火旺。

贵州小吃根植于贵州的青山绿水之间，与当地的风土人情深刻融合，具有"五食"、"三味"、"二性"的显著特征。"五食"指的就是少数民族之食、粉食、饭粥之食、节庆与祭祀之食和茶食五类；"三位"则指的是酸、辣、鲜的地域特色口味；至于"二性"指的就是原料来源的广泛性与品种的多样性。

肠旺面

肠旺面又叫肠益面，以色泽浓烈、香气扑鼻、味道鲜美风靡贵州，是贵州众多小吃中最负盛名的一道。又因"肠旺"与"常旺"同音，所以贵州人吃肠旺面又有盼望吉祥如意的寓意。

肠旺面的"肠"指的是猪大肠，"旺"指的是猪血，它们是这道小吃最重要的部分。店家在做这道小吃的时候，会佐以20多种配料，要经过12道工序才能出一碗肠旺面。其特制的辣油是用肠油、脆臊和本地产的辣椒油做成的，味道十分独特，淋在面上，色泽更红艳浓烈，味道也更醇厚。

肠旺面口感香辣，其面条爽滑细脆，肉臊与肠旺香脆鲜嫩，汤汁鲜美，回味无穷。

必荐星级 ★★★★★

必享典故

肠旺面诞生于清同治年间，到民国初，贵阳人苏德胜对其进行改进。他以鸡蛋面、猪大肠、血旺、肉臊为主料，辅以多种配料，经过精心烹调，使此面散发出让人难以抵抗的香味，很快便风靡贵阳。于是其他店家纷纷效仿，一家一家的面馆如雨后春笋般在贵阳城里开张，很快就遍布贵阳的大街小巷了。其中最著名的便是"王家巷肠旺面"。新中国成立后，肠旺面收归国有经营。三年困难时期，贵阳市商业部还专门印刷专票做特殊照顾供应。改革开放后，允许个体经营，于是像"陈肠旺"这样私人经营的肠旺面馆又出现在贵阳街头，并以其精湛的手艺得到市民的喜爱。再经过后来的发展，肠旺面逐渐坐上了贵阳小吃的头把交椅，用独特的味道欢迎八方来客。

贵阳夜景

必尝正宗地

贵阳市云岩区蔡家街的金牌罗记肠旺面是贵阳人最为推崇的地方。此外还有合群路小吃街、南明区下护国路的南门口肠旺面、市政府灯饰城旁的大眼睛肠旺面也是不错的去处。

必知一般价格

价格不贵，一份8元左右。

丝娃娃

丝娃娃又名素春卷，是贵阳街头最常见的一道风味小吃，因其外形与婴儿被裹在襁褓中很相似而得名。丝娃娃是用大米面粉浆所烙成的薄饼，卷入粉丝、萝卜丝、鱼腥草、海带丝等氽过的新鲜蔬菜，吃时会加入当地特有的酱汁，酸酸辣辣的，味道妙不可言。

其面皮口感酥脆绵柔，米香四溢，素菜脆嫩爽口，酱汁酸辣开胃。

多彩贵州风舞蹈

必享典故

丝娃娃是贵阳的名小吃，深受贵阳人的喜爱。但这道小吃出现的时间并不久，直到20世纪的七八十年代才正式出现在贵阳的街头。然而其发明者如今却已经不可考了。

在贵阳吃丝娃娃是一件很壮观的的事情，长长的摊位上摆上20多种切成丝的时鲜蔬菜，红黄绿白，色彩鲜艳丰富诱人。当然少不了美味的调料，辣椒酱、白糖、酱油、醋、麻油、姜、葱等应有尽有。客人入座后，摊主只需递给客人一碟面皮就可以了，客人自己选择要吃的蔬菜，自己调制酱料，与自助餐有异曲同工之处。

必荐
★星级

👍👍👍👍👍

必知
一般价格
★

价格十分便宜，一个丝娃娃仅需0.5~2元。

必尝
正宗地
★

贵阳市云岩区飞山街的杨姨妈、省府路的黄大琴丝娃娃、云岩广场的酸汤丝娃娃、文化路张记丝娃娃都是贵阳人推崇的去处。

红油米豆腐

米豆腐是在川、黔一带流行的著名小吃，已有200多年的历史。其中的红油米豆腐作为夏日用来消暑的清凉食品，一直深受市民欢迎。

这道小吃由米豆腐、配菜和酱汁组成。首先米豆腐是用当地产的大米与黄豆，分别浸泡好后按一定比例磨成浆冷却至50℃左右，再用石膏点制，搅拌均匀后待完全冷却即可变成米豆腐。配菜一般包括大头菜、盐菜、酥花生、酥黄豆、葱花、香菜等。酱汁是用红油、麻油、花椒油、酱油、醋、姜汁、蒜水等一起调制。吃时先把已经成形的米豆腐切块装盘，再摆上配菜，淋上事先已经调好的酱汁就可以享用了。

必享典故

米豆腐曾被黔菜研究专家吴钏茂先生称为最不讲道理的一种食物，因为它明明不是豆腐却也叫做豆腐。而在电影《芙蓉镇》中，刘晓庆所饰演的女主人公胡玉音，借由米豆腐展开特殊人生经历的片段，使此地域小吃成为闻名全国的名小吃。

黄豆酥，花生脆，米豆腐嫩，豆芽甜，黑大头菜味浓，油红香辣，消暑解馋。

在贵阳，以云岩区省府路的"老凯里酸汤鱼"、公园北路的"金芦笙"、黔灵西路的"四合院"的口味最为正宗。此外，在江口县北门巷内也能够找到正宗的米豆腐。当然，湖南芙蓉镇刘晓庆米豆腐店的口味，也非常正宗。

店铺与小摊的价钱不同，一份在5~20元。

恋爱豆腐果

必尝美味

恋爱豆腐果是贵阳街头最常见的风味小吃，简称"豆腐果"。

豆腐果是用豆腐经碱水洗泡发酵后切成小块，置于烤架上，用无味的柏木锯面作燃料，烤至两面发黄；食用时用薄竹片将豆腐当腰剖开，添进由生姜米、点葱、蒜泥、酱油、醋、味精等调制而成的佐料，趁热吃下，咸辣爽滑、满口喷香。

必品特色

刚出锅的豆腐果外脆内嫩，尝一口咸辣爽滑，满口喷香。

必荐星级 ★★★★

必尝正宗地

在贵阳的大街小巷，豆腐果摊子随处可见。晚上，在合群路小吃街和山西路小吃街上，可以尝到正宗的豆腐果。

必享典故

关于恋爱豆腐果名字的由来，有一段很浪漫的传说。

抗日战争的时候，贵阳城经常遭到日军的空中轰炸。于是像彭家桥这样的贵阳郊区，就成了城里人躲避飞机的藏身之所。在彭家桥附近有一对姓张的夫妇，以经营烤豆腐为生。当时到这里避难的人们，因饥饿或打发时间，时常光顾老张的豆腐摊子。后来老张夫妇发现，一般人吃豆腐，大概因有空袭的威胁，精神还是很紧张的，往往吃完便走。但有一些恋爱中的青年男女，却是买上一盘豆腐果，淋了辣椒水，然后一边谈天说地，一边慢慢品尝，一坐就是半天，似乎忘记了空中的危险，十分浪漫。一时间，老张的豆腐果就成了贵阳街头巷尾的佳话，人们还送给它一个浪漫的名字——恋爱豆腐果。

必知一般价格

价格十分便宜，一份（10个）为3~8元。

波波糖

必尝美味　　波波糖是贵州四大著名糕点之一，同时也是一道历史悠久的小吃，明朝时即有记载，距今已有500多年的历史。因其有落口即酥的特殊口感，波波糖又名落口酥、波波酥等。

　　波波糖的原料包括用糯米加工成的饴糖和炒熟的黑芝麻。其做法是，将饴糖加温至40℃，使其呈半融化状态。此时加入芝麻末，就能使饴糖层层起酥，再将起酥的糖皮卷成扁圆状，待晾凉后就是著名的波波糖了。

必品特色　　**波波糖酥甜易脆，芝麻香味浓郁诱人，入口即化，是一种老少皆宜的小吃。**

必享典故

　　波波糖是镇宁的地方特产，始于清咸丰年间。当时的镇宁知州为发展当地的糖食，在县衙大门张贴出公告，向民间征求制糖食品。住在钟鼓楼脚的农民刘兴汉以镇宁盛产的芝麻、糯米、小麦为原料，经多次试验，终于做出了酥脆香甜的波波糖。当刘兴汉将这道做好的波波糖呈给知州品尝鉴定后，知州赞不绝口，并将其作为贡品进贡给皇室贵族享用。当时有人写下一副对联来赞扬波波糖："镇宁城，钟鼓楼，既红既高，高临全宇称魁首；刘记号，波波糖，又脆又香，香酥沁人誉名州。"波波糖于是成了黔中学子进京赶考、过往商旅必买的名产，渐渐驰名全国。

必荐星级 ★★★★★

必尝正宗地 ★

必知一般价格 ★　一包要价20~40元。

　　镇宁波波糖是安顺市的首个国家地理标志产品。因此，在游玩黄果树瀑布的时候，还可以买上一包当地产的正宗波波糖，别有一番滋味。

遵义羊肉粉

遵义羊肉粉曾获得过第二届"中华名小吃"的称号。它首创于明朝年间，距今已有300多年的历史，后历经数代改进与发展，现在已经是贵州著名的传统风味小吃。如今在贵州各地都可以看到挂有遵义羊肉粉的饮食店。

遵义的羊肉粉选用的是思南县的矮脚山羊为汤底原料。首先将鲜羊肉放入锅中，用小火慢炖，等到羊肉汤清而不浊的时候，捞出骨肉，加入刚宰杀的老母鸡，佐以少量冰糖，这样熬出来的汤汁味道特别鲜美。吃时，先将米粉用开水烫熟，盛在瓷碗里，再铺上熬汤煮时捞出的羊肉切片，淋上鲜汤，最后再浇上贵州的辣椒油，撒上花椒粉、蒜苗、香葱等。

必享典故

遵义是著名的红色之都，在中国共产党的历史上占据着重要的历史地位。据说当年党中央召开著名的遵义会议时，会址的旁边就有一家羊肉粉店。毛泽东、周恩来、朱德、张闻天等当时会议领导人经常在会议的空隙到这家店吃夜宵。当时的红军正处于非常时期，需经常转移，时间很急迫，店家就把米粉做好送上门请红军吃。这碗热辣香喷的羊肉粉是许多老红军两万五千里长征的深刻记忆。

遵义会议陈列馆书画

羊肉性温，是极好的补品，其汤汁鲜美清香，加入贵州产的辣椒后，滚烫入味。尤其是在冬天的时候，一碗下肚，浑身暖和。

以遵义市桐梓县"常回头羊肉粉"、"明秀羊肉粉"，湄潭县的"康家羊肉粉"最为正宗。

一般一份羊肉粉6~8元，若需加料加粉则在此基础上加上3元。

贵州黄粑

黄粑，又名黄糕粑，是贵州的一道特色小吃，以遵义市的南白镇黄粑和贵阳的清镇黄粑为最佳。前者个头大，吃起来可以让人大快朵颐，过足口瘾；后者个头较小，却可以细细品尝，别有风趣。

黄粑的主要原料是粳米、糯米和黄豆，但制作却很繁复。首先要将黏米与黄豆洗净混合打制成米浆，再将糯米洗净入木甑蒸煮至七八成熟。然后把米浆再与糯米倒入大木盆中混合，同时加入少量红糖。几经搅拌，待米浆的水分完全被糯米饭吸收，将糯米饭搓打成饭团。之后用已经清洗干净并煮好的笋壳或竹叶将糯米饭依次捆好，最后再入木甑加火蒸煮熟就可以吃了。

色泽黄润晶莹，糯米香、豆香、木香与竹香混合，清甜诱人。

必享典故

据说在三国时期，蜀国军中的伙头夫久等部队不归，眼看着已经煮好的豆汁与米饭就要坏掉了，赶紧去问军师诸葛亮怎么办。诸葛亮一看这情形，只好命将士将豆汁与米饭混在一起，放到大木甑里蒸煮，免得馊掉。等到战士们回营，大米早已煮过了两天，变得油黄发亮。但又累又饿的士兵也顾不上其他，拿到这个从未见过的东西就往嘴里送。哪知这东西吃起来味道甘甜香软，别有滋味。不明所以的将士还以为这是军师特别犒劳他们的美味。后来这种做法从军中流传到百姓中间，经过1000多年的传承，就成为今天贵州的又一名小吃黄粑了。

古隆中三顾堂

 👍👍👍👍

贵阳清镇和遵义南北镇的黄粑是贵州黄粑的代表。

一般店家的黄粑一块大约有350克，价格在2.5~4.5元。还有的会切成更小的一块来出售，价钱为一小块0.5~1.5元。

遵义豆花面

必尝·美味

遵义的豆花面创于20世纪初，它以面软滑、味烈、香浓的特殊风味风靡遵义100多年。豆花面最大的特色是它会在面条上覆上一层雪白的豆花，将面条浸泡在豆浆之中，这样做出来的面还有一股浓浓的豆味。

豆花面所用的豆花，也叫水豆腐，比较特别的是它点豆腐所使用的不是南方普遍用的石膏，而是酸汤。这样点出的豆腐没有石膏或卤水的苦涩味，较一般豆腐细嫩，又比豆腐脑紧扎。面条制作的时候会加入一些土碱，用手工反复揉拉，做成薄而透的宽面条，下锅煮至不软不硬后捞出，再以豆浆为汤底，覆上嫩豆花，另加一碟特制的辣椒水即成。

遵义会议陈列馆雕塑

必享典故

据说豆花面的起源是在清光绪年间，最开始是一户笃信佛教的人家，专门为前来湘山寺烧香拜佛的信徒开设了一家素面馆，因此价钱很便宜，成本很低，故不能使用太贵的材料来改善面的口味。到民国年间，几经改进，发展成了今天遵义市面上的豆花面。如今在遵义的大街小巷，豆花面馆到处都是，生意十分红火。1958年，邓小平等中央领导视察遵义，还特意品尝了豆花面，足见其魅力。

必品·特色

其汤汁味道鲜美，豆味浓厚，辣椒水香辣过瘾，面条软滑可口。

必荐星级 ★ 👍👍👍👍👍

必尝正宗地 ★

豆花面在遵义几乎到处都有。其中，刘成祜豆花面在遵义有两家店面，上海路店的更受人们的欢迎。

必知一般价格 ★

豆花面与羊肉粉是遵义两大有名小吃，价钱上很相似。6~8元一份，如需加菜加量就在底价上加3元。

小米渣

必尝美味　小米渣是贵州苗族的传统小吃，是一种用小米与红糖一起蒸出来的甜食。

制作小米渣，首先将洗净的上好的糯小米用冷水浸泡24小时以上，沥干水后加入碎红糖和熟猪油拌匀。其次是把五花肉切成细丁，用花椒面、八角面、盐、酱油等拌匀腌渍5个小时。最后把拌好的小米与五花肉混合在一起上屉蒸熟即可。

必品特色　小米香糯，肉肥鲜嫩。吃下一口清甜四溢，满口油香。

必荐星级　👍👍👍👍👍

苗族凤冠

必享典故

小米渣是苗族的传统美食，关于它的由来，在苗家人中有一个传说。有一天，苗王带着心爱的女儿出巡。走了许久，他们来到了山民喳幺的家中，但喳幺家徒四壁，无以款待。于是喳幺便将家中仅剩下的一点小米，加入山枣与红糖搅拌，放入火塘中蒸煮，自己给起了个"小米渣"的名字。苗王看到喳幺端出的这盘东西实在太过粗糙，哪配得上高贵的自己与公主，认为喳幺对其不敬，欲将喳幺处以重罪。但没想到公主看到这小米渣油黄发亮，便舀了一小勺品尝，觉得甘甜可口，不禁露出甜美的笑容。苗王见状，也尝了一口，的确香糯美味，于是转怒为喜，当场要求喳幺跟自己回到苗寨，专做小米渣。每当各大寨主前来上朝时，他便以小米渣款待。而苗疆各地每逢重大节日时，也都会拿出小米渣作为祭品，以示贵重。

必尝正宗地 ★　小米渣一般作为餐后甜点享用。一般的酒店都有出售。贵阳"老凯里酸汤鱼"是较大的一家连锁饭店，小米渣就是其招牌美食之一，口味正宗。

必知一般价格 ★　价钱稍微贵一些，一碗的价钱在28~32元。

云南小吃

云南是我国少数民族聚居最多的省，世居的少数民族就有26个之多。云南在古时候是茶马古道的必经之地，尼泊尔、南洋以及中国的商贾在此云集。他们带来的文化与当地少数民族风情相互交流、融合，直接影响了云南饮食上的风味特点，令"滇菜"呈现出独特的风味。

云南小吃由三个风格各异的地方组成：滇东北、滇西南、滇西。每个地方都有自己的个性，但整体上来说它们都具有：品种类型齐全，使用的材料种类丰富，善烹调山珍、水鲜。其口味特点是鲜嫩清香，酸辣适中。

过桥米线

必尝美味

说到云南小吃，其最佳代表就应该是大名鼎鼎的过桥米线了。过桥米线来自滇南蒙自县，距今已有100多年的历史。

过桥米线由汤、米线、佐料三部分构成，每一部分的制作与选材都十分讲究，以保证其最佳的美味。其汤是用老母鸡、宣威火腿、猪骨等精心熬制而成。吃的时候用一只大瓷碗先装入熟鸡油、胡椒面、味精等调料，再把刚滚开的高汤倒入碗内，接着把半熟的肉片放入碗内烫熟，然后加入米线并放入各种新鲜蔬菜浸烫，而后将豆腐皮、香菇、葱花等佐料摆放整齐置于碗中享用。

必品特色

过桥米线汤鲜美，味浓厚，色泽丰富多彩，米线吃起来滑嫩爽口而富有嚼劲。

必享典故

据说当年身为洋务大臣的李鸿章代表清政府出访俄国时，俄国大公在自己的府上设宴招待李鸿章。因当时是夏天，天气十分炎热，大公让下人端来冰棍让众人解渴消暑。但从未吃过冰棍的李鸿章看到这个东西的外表冒着雾气，就以为很烫，吹了半天才小心翼翼地咬了一口。结果被冰得直倒牙，引得在场的俄国人哈哈大笑。李鸿章自认为受到了侮辱，心中堵着一口气。后来在俄方回访中国的时候，李鸿章便叫人端来一碗过桥米线请对方吃。当一碗汤端上来的时候，看上去平平静静，微微冒着雾气。对方以为是冷饮，端起碗来猛喝了一大口，结果被烫得都跳起了来，舌头还烫起了泡。李鸿章则在一旁哈哈大笑。终于出了这口恶气。

**必荐星级**

必尝正宗地

遍布昆明的连锁店桥香园、建新园是很方便的去处，味道也十分不错，而老店南强街的福华园则是老一辈昆明人最喜爱去的地方。

必知一般价格

过桥米线种类繁多，一般秀才米线一份在8~17元，而其他米线则根据用料与分量的不同，价钱跨度在8~280元之间。

炒饵块

　　炒饵块，是云南著名的小吃之一，是用煮熟的大米压制成圆形块状的薄饼。据古籍记载，人们会把麦类制作的食品称为"饼"，米类制作的称为"饵"。云南是我国最早种植水稻的地区之一，稻作文化历史悠久。很久以前，这里的民间在农历岁末时，家家户户要精选上好的大米，洗净蒸熟捣成泥后加入蜂蜡，做成各种形状的食品，作过节拜年相互馈赠之用。这样的食品就称为"饵馈"。随着时间的流逝，老百姓就把它谐称为饵块。

　　其制作方法是，把饵块切成小薄片，加火腿片、酸腌菜末、大葱、韭菜、豌豆尖炒制，浇以甜、咸酱油，拌以少许油辣椒，吃起来香甜浓厚，咸辣醇正，色彩丰富浓烈。

　　炒好的饵块，色泽丰富多彩；饵块本身米香清甜，口感软糯，油而不腻。

吴三桂

必享典故

　　相传明末吴三桂降清后被封为平西王，清政府命他追杀旧主明朝皇帝的残部。当时吴三桂势如破竹，进攻昆明。永历皇帝一路节节败退，溃逃至腾冲时又饥又渴，于是上当地人家讨食。当地人看他们很可怜，于是用火腿肉、韭菜、酸菜等混合饵块炒成一道菜，送给他们吃。饥肠辘辘的皇帝一口下肚，五脏六腑顿感舒畅无比，竟觉得比宫廷的珍馐佳肴还要美味，不禁大呼："真乃救驾也！"于是，当地人便把炒饵块也叫做大救驾并逐渐风行云南。

必荐星级　★★★★★

必尝正宗地

以腾冲一带的最为正宗。比较值得品尝的为腾冲县和顺古镇内的刘记餐馆。

必知一般价格

单点一份，只需15~20元。

石屏烧豆腐

石屏县的豆腐非常有名，已有400多年的历史。其豆腐滑嫩洁白，质感极好，在清朝时还曾被选为朝廷贡品。在云南加工豆腐时，最常用的方法便是用炭火将其烧熟，并将这种成品称作"烧豆腐"，在滇南一带十分流行。

烧豆腐的制作分两步。第一步是豆腐的发酵。要选用上好的石屏豆腐，加入酵母或真菌进行发酵。第二是"烧"豆腐。做法是在炭火盆里架上烧烤网，待网热后抹上菜油，摆上豆腐，需定时翻动，免得烤焦了。等到豆腐呈现金黄色时就可以装盘了。最后淋上酱油、卤腐汁、花椒油，撒上香菜、薄荷等就可以吃了。

烧豆腐其实属于臭豆腐的一种，都是"闻起来臭，吃起来香"的类型。豆腐皮黄香酥，心白素嫩，蘸料风味独特。

必享典故

据县志记载，石屏制作豆腐的历史从明朝时就已开始。其之所以与众不同，关键在于它使用当地特有的天然井水（俗称酸水）来点豆腐。最令人称奇的是，这种"酸水"离开了石屏县却又怎么也点制不出豆腐来。因此有人戏称石屏豆腐是带不走的石屏专利。

石屏人烤烧豆腐，那更是一道奇特的景观。来石屏，你随处可以看到漂亮的石屏姑娘手拿蒲扇，用木炭火精心烤制豆腐的情景，难怪古文人曾写有"眉柳叶，面和气，手摇火扇做经纪，亭亭炕前立。酒一提，酱一碟，馥郁馨香沁心脾，回味涎欲滴"的生动词句。

必荐星级　★★★★★

必尝正宗地　★

必知一般价格　★

昆明市官渡区侔家湾就有一家石屏烧豆腐，比较正宗；五华区圆通街的火王烧豆腐也是不错的去处。

一般一份（10个）只需2~5元。

凉拌豌豆粉

　　豌豆粉是昆明最地道、最传统的小吃之一，在昆明的街头小摊或高档饭店，皆随处可见。到了夏季，昆明人更是将它当做消暑开胃的美食，有时一日三餐都食用，足见人们对它的喜爱。

　　其制作方法就是用干的豌豆粒去皮用水泡发后，掺水磨成浆，过滤熬煮成糊状后冷却凝固而成。吃的时候将块状的豌豆粉切成条，淋上姜水、蒜水、糖水、麻油、酱油、辣椒油，加入鸡肉丝、红萝卜丝、烫熟的韭菜豆芽等配菜，撒上生香菜搅拌就可上桌了。

**　　豌豆粉色泽缤纷，细腻软滑，酸甜香辣，有淡淡的豌豆芳香。**

必宴典故

　　当时因为抗战来到春城的联大师生，生活十分清苦，往往一天只能吃上一份窝窝头。所以一碗最普通的豌豆凉粉对于他们来说简直就是奢侈品。能尝上那么一口，令人终生难忘。在今天许多西南联大的校友中，仍有很多人不忘那碗酸甜香辣的凉豌豆粉。

　★★★★★

　　昆明近郊呈贡县的"老俩口豌豆粉城"是昆明最大的豌豆粉连锁店的总店，很多人都慕名前来品尝。这里的豌豆粉品种很多，可选择性强。

　　品种不同，价钱也不同，但普遍在5~20元。

烤乳扇

必尝美味 到过云南，都会听说云南的十八怪，其中的"牛奶做成片片卖"指的便是大理有名的小吃——烤乳扇。乳扇是大理洱源邓川一带的特产，是白族人请客送礼、探亲访友的礼品。

乳扇是一种含水较少，呈乳白或乳黄色的菱角竹扇状薄片，产自大理洱源，是用鲜奶与食用酸按一定比例煮沸凝结，切成薄片后晾干而成。烤乳扇就是用乳扇包裹玫瑰糖卷起来置于炭火上烤成金黄色，再淋上玫瑰酱、花生酱或巧克力酱享用。

必品特色 刚烤好的乳扇会散发出香香的奶酪味，勾人食欲；入口后味道变化丰富，由酸而甜，回味无穷。

必享典故

郭沫若先生的《孔雀胆》是一部反映元末农民起义，云南历史的不朽巨作。故事内容涉及当时云南社会的方方面面，塑造的人物个个栩栩如生。其中阿盖郡主同父异母的弟弟穆哥王子以他活泼可爱、天真无邪的个性给人们留下了深刻的印象。在故事的第二幕，丞相车力特穆尔就利用穆哥王子喜欢吃烤乳扇的特点，在乳扇上下毒将其杀害，并嫁祸阿盖郡主的丈夫段功，最终造成梁王的人生悲剧。

郭沫若在附录《昆明景物》还有记载："邓川乳扇与路南乳饼，均云南名产，为羊奶所制，素食妙品也，甜食咸食均可。"

 必荐星级 👍👍👍👍👍

 **必尝正宗地** 以邓川一带产的乳扇最为正宗。要想品尝到真正美味，就要到大理去。在大理的街头，这道白族美食几乎到处都有。

 **必知一般价格**

一个烤乳扇的价钱在2~4元。

香竹烤饭

香竹烤饭是西双版纳傣族的传统小吃美食，是傣族饮食中的名品，既可冷食也可以加热吃。

香竹饭用嫩香竹为容器。做饭的时候先选择三个竹节，一头留节当底，一头锯去竹节为入口。然后将洗净的糯米与捣碎焙香的花生一起拌匀，装入竹筒内，加清水浸泡4~5个小时，筒口用芭蕉叶塞紧。烧煮时要用旺火，等到竹筒变焦，听到"嘭"的一声，芭蕉叶塞子因气压被弹出的时候，从火中取出竹筒，用锤子沿竹筒四周将其敲裂，破去竹皮，取出米饭装盘即可。

竹子的清香，糯米的软糯，均别具一格。米饭香软可口，融糯米香、青竹香于一体。是色、香、味俱佳的民族风味小吃。

傣族孔雀舞

必享典故

香竹烤饭，是西双版纳傣族的名品，以清香浓郁、软糯洁白、形美划一而独具一格。西双版纳傣族自治州，是滇南粮仓。其主体民族为傣族，他们临水而居，是云南种植稻谷的先进民族。自古以来，他们与稻米结下了不解之缘，主食大米。米碾出后，必须过筛，整粒的人吃，破碎的喂牲畜。香竹饭的烹制，既反映了傣族人民的聪明才智，又适应了他们向富裕型转变的口感要求。

必荐星级 👍👍👍👍👍

必尝正宗地 ★

以景洪县的曼景兰风味街、勐腊县的曼竜代寨的最为正宗。

必知一般价格 ★

一份在20~40元。

汽锅鸡

必尝美味　　所谓汽锅鸡，就是用云南本地产的土陶锅炖出来的鸡。这种土陶锅的构造很独特，在锅底中央有一个竖立的空心管，炖鸡的水蒸气从空心管里喷出，喷到汽锅盖遇冷化成水，就成了鸡汤。除了特殊的厨具，汽锅鸡的选料也很讲究，以三个月左右的本地土鸡为最佳。在炖前要将鸡剁成小块，洗去血水，辅以姜、葱、胡椒粉、盐等慢炖6个小时即做成美味的汽锅鸡了。

必品特色　　经高温蒸汽蒸出的汽锅鸡骨肉脱离，肉质酥烂，汤汁鲜美，味道醇香。

必荐★星级　👍👍👍👍👍

必享典故

传说汽锅鸡是由云南监安府（今建水县）福德居酒楼的厨子杨立发明的。当年乾隆皇帝南巡至监安府，知府得到消息后十分紧张，赶紧派人去请教监安最负盛名的福德居酒店的老板。老板于是向知府推荐自家最好的厨师——杨立，让他负责天子的饮食。

杨立冥思苦想了七八天，想出了用蒸汽炖鸡的方法。接着他找到师傅制作了特制的汽锅，并加入上等的燕窝、鱼翅等食材，几经试验后才得以成功。

但谁知等到要献给乾隆品尝的时候，发现汽锅被偷了。知府气得要砍杨立的脑袋谢罪。幸而当时乾隆心情不错，仔细询问事情真相，免了杨立一死。后来乾隆终于尝到汽锅鸡，味道的确醇厚出众，便下旨将福德居改名为"杨立汽锅鸡"。从此汽锅鸡名声大振，成为滇菜中的上品。

必尝正宗地★　　汽锅鸡虽然源自建水县，但在昆明也能尝得到真正的美味。福照楼汽锅鸡饭店就在昆明有多家分店，其中以盘龙区北大门总店的味道最好。此外，护国桥头的汽锅鸡食府，五华区东风西路的一颗印、西山区东寺街的老街坊都是口碑极好的店面。

必知一般价格★　　汽锅鸡的制作时间久、工序繁杂，因此价格较其他小吃要高出不少。一只汽锅鸡的要价大约是50~80元。

喜洲破酥粑粑

 必尝美味　　喜洲破酥粑粑，也叫喜洲粑粑或破酥，是源于大理州喜洲镇的名小吃。它分咸、甜两种口味，在当地非常具有人气。

破酥要用上好的小麦粉，发面的时候会适量加入精油分层。馅料中以葱花、花椒、盐为咸味，而火腿、肉丁、红糖等为甜馅。做成小圆饼后就要上锅烤了，一般一锅六个，咸甜各半。烤制时常常使用上下两层炭火，一边刷油，一边翻动。大约10分钟后，破酥就可以出锅了。

必品特色　　**喜洲破酥粑粑色香味美，酥脆可口，咸甜适宜，层次分明。**

必享典故

喜洲是大理著名的古镇，距今已有2000多年的历史。岁月的沉淀，让这里具有丰厚的人文底蕴。著名作家老舍先生在1942年的《滇行短记》中称赞道："喜洲镇却是个奇迹，我想不起，在国内什么偏僻的地方，见过这么体面的市镇。"破酥就是在这样一个人文底蕴深厚的土地上诞生的一道美食。千百年来，这股味道犹如一条看不见的线将喜洲的过去、现在与未来联系在一起。

必荐星级 ★★★★★

必尝正宗地 ★

必知一般价格 ★

大理很多地方都有破酥粑粑卖，其人民路上就有一家喜洲破酥粑粑，味道不错。另外，喜洲镇四方街小吃广场的，也较为正宗。

一个破酥粑粑只要2~5元。

木瓜水

木瓜水应属于凉粉的一种，是流行于滇西、川南、重庆等地的美味，又叫"冰粉"。在高原强烈的紫外线下，云贵高原的夏季显得特别炎热，因此这种冰冰凉凉的食品受到极大的欢迎。

木瓜水的形态类似果冻，是一种胶质食物。吃的时候，舀上一大瓢木瓜水，将其搅碎，再淋上玫瑰糖熬制的糖浆，很是诱人。最令人感到高兴的是，用一根细细的吸管，慢慢地将一整块木瓜水吸光，无比爽快。

必享典故

木瓜水虽然带有木瓜二字，但其实它的原材料里并没有木瓜，所选用的是一种叫做假酸浆的茄科植物的种子。将这种假酸浆的种子包在一块纱布里，置于水中不停地揉搓，将种子里的胶原挤出，然后像点豆腐那样用石膏使其凝结成固体。至于为什么云南人要叫它木瓜水就不得而知了。

木瓜水晶莹剔透，口感冰凉爽滑，玫瑰糖浆香气撩人，味道甜腻，老少皆宜。

必荐星级 👍👍👍👍👍

木瓜水在云南很受欢迎，几乎每个城市都会有出售，其中以昆明和大理最为出名。

木瓜水是云南人平日消暑的清凉食品，价格并不贵，单份价格在3~7元。

西藏小吃

西藏号称"世界屋脊"，平均海拔4000米以上，其气候具有空气稀薄、降水少、日照时间久、风速大等特点，特殊的地理位置与气候特点造就了这里不同于汉族的饮食文化与习惯。

西藏的小吃原料来源广、讲究天然，烹饪时注重火候、菜品精致。口味上讲究清淡、平和、原汁原味。很多西藏小吃除了盐与葱蒜，是不放任何辛辣调料的，有着一种返璞归真的生活情调。

酥油茶

必尝美味

在藏区几乎每户人家都会制作酥油茶，它是藏族人每天都必不可少的饮品。很多人常常是三餐均喝酥油茶。在寒冷的高原地区，这是补充体能和缓解高原反应的最佳食品。

在藏家做客的时候，热情的主人都会端出自家最好的酥油茶进行招待。客人喝茶也有几个需要注意的地方：刚倒下的酥油茶并不能马上喝；第一杯酥油茶，客人要端起茶碗，用无名指沾少许茶，弹撒三次，以示感谢天、地、神灵，而且不能一饮到底，需留一半左右，等主人添满了再喝，一般以喝三碗为吉利；如果不想再喝，当茶碗添满时就不要再动它，临告别时可以多喝几口，但也不能喝干。

必品特色

酥油茶醇香可口，奶味浓厚，营养丰富；吃法多种多样，咸甜皆有。

必享典故

相传藏族喝茶的习惯是由唐朝的文成公主带来的。作为汉藏友好的象征，当年的文成公主远嫁边疆，和亲西藏。文成公主刚入藏时，发现西藏不论是气候还是饮食，都与中原差异甚大，这让她很不适应。后来她发现将茶与奶混合起来一起喝，可以减少奶腥味，原先喝不惯的鲜牛奶也就不那么难喝了。因文成公主常常以此招待前来觐见的权贵，这一做法遂逐渐在上层社会流行开来。人们纷纷效仿，饮茶之风于是盛行。

必荐星级

必尝正宗地

在西藏只要有人的地方，你就能喝到酥油茶。而在拉萨，藏人去得较多的有老革命茶馆、则坠茶馆、港琼茶馆、拉扑棱茶馆、雪贡丹茶馆等。

必知一般价格

价格不贵，一般小茶馆一小壶在10~20元。

糌粑

糌粑吃法独特，不需生火，因而携带十分方便；加之营养丰富，是藏族最传统的主食。在藏区，很多藏族群众一日三餐都吃糌粑，他们认为只有这样，才能拥有黝黑健壮的体格。一个外族人若想融入到藏人的生活，必须从吃糌粑开始。

糌粑是藏语的音译，翻译成汉话就是青稞炒面，做起来也不复杂。青稞面与小麦面的制作有些不同，它是先炒熟再磨成面，而且不除皮。吃时把磨成面的青稞加入一些酥油、茶水，用手不断搅拌均匀，当面可以捏成团时就可以吃了。

吃糌粑时一般会配上酥油茶和青稞酒，营养丰富，爽口不腻，且酒香、茶香与青稞面的味道混合，沁人心脾。

糌粑盒

必享典故

相传在很久以前，青藏高原上的各大部族发生混战，藏王为扩大领地经常出征。但高原上雪山连绵，荒芜之地众多，道路难走，交通十分不便，这给军队的给养带来很大的困难。为此，藏王日夜忧虑，茶饭不思。直到有一天晚上，在天上的格萨尔王给藏王托了一梦："何不将，青稞炒熟磨成面，既便于携带又易于贮藏。"藏王一下惊醒过来，心中很是高兴。于是他立即命令部下生火，将军队里的青稞面全都拿来炒熟磨成面。后来这种加工方法便从军队流传到民间，成为藏民处理青稞麦的主要方法。

只要去藏家做客，热情的主人都会拿出自家做的糌粑款待客人。若要自己买些来吃的话，可以选择拉萨八廓街旁的玛吉阿米西餐吧，或是城关区的糌粑藏餐。

一份的价钱在18~25元。

青稞酒

必尝美味

青稞酒是用高原最主要的作物青稞酿制出来的一种酒。其制作工艺十分独特，先把青稞洗净煮熟，待温度降下后加上酒曲，再装入陶罐或木桶封闭好；让其发酵两三天后，打开盖子加清水，再重新封好口；最后再等上一两天，桶里的青稞就变成高原第一酒——青稞酒了。

青稞酒的度数很低，类似我们熟悉的啤酒。在西藏男女老少都很爱喝青稞酒。它是藏族节庆的时候必备的饮品。在藏族人家做客的时候，喝青稞酒讲究"三口一杯"，即先喝一口，倒满，再喝一口，再斟满，喝到第三口时就要斟满干一杯。在酒宴上，热情的主人经常会轮番劝酒，直到客人醉倒为止。

必品特色

酒色橙黄，味道酸甜醇厚，浓郁的酒香令人迷醉。

必享典故　张廷玉

清康熙年间，军机大臣张廷玉奉康熙之命入藏册封达赖、班禅。一行人到达拉萨册封完后，张廷玉告诉达赖、班禅，康熙帝很喜欢饮酒。于是达赖、班禅便派特使携带精心酿制的青稞酒觐见康熙。皇帝品后觉得此酒醇厚回甘，馨洌绵甜，回味无穷，便问张廷玉："这是什么酒？"张廷玉据实相告。康熙龙心大悦，钦点此酒为朝廷贡酒。

必荐星级

必尝正宗地

必知一般价格

如今青稞酒已经成为西藏的一个产业。旅游西藏，可以到拉萨绕赛一巷与东孜苏路交会处的玛吉阿米西餐吧喝上一杯。城关区也有很多家卖青稞酒的餐厅，都是不错的选择。

一杯的价钱为10~20元。

风干肉

风干肉，与酥油茶、糌粑、青稞酒并称西藏美食"四宝"，是西藏小吃的代表。其原先是藏区牧民在野外时，为了携带更多的干粮，同时也是为了更长久地保存食物，而想出的一种加工食物的方法。但经风干过的肉片却独具风味，成为高原美食。

过去，每当气温变冷时，藏民就会将已经宰杀好的牛羊肉切成小条，挂在阴凉之处，让其自然风干，待到来年开春时再食用。它的保存时间可以超过一年。

牛羊肉经风干后肉质变得松脆耐嚼，而且还有独特的自然香味，令人回味无穷。

必享典故

西藏饮食大致可分为以肉为主的"红食"和以奶为主的"白食"。可见，藏人对于肉类是十分喜爱的。不过，藏人吃肉也有许多禁忌。如他们只吃偶蹄类牲畜（以牛、羊为代表），不吃奇蹄类牲畜（以马、驴、骡子为代表）。不过他们也不爱吃山羊，因为他们认为吃山羊伤肾。在藏区还流行"山羊肉上不了宴席"的谚语。藏人对狗肉更是深恶痛绝，常常用"吃狗肉的"来骂人。老一辈的西藏人则不会吃鱼，因为他们认为那是生长在神圣湖泊里的神灵的化身。

藏族饮食

必荐星级 👍👍👍👍👍

城关区的藏家宴有很多藏餐，这里的风干肉较为正宗。现在市面上也有许多真空包装的风干肉出售，可以买一些作为礼品。

一斤为80~120元。

拉萨甜茶

藏族群众嗜好饮茶，喝茶是他们生活中一件非常重要的事情。在拉萨，茶馆遍布每个角落。在这些茶类中，拉萨甜茶以它特有的风味享有盛誉。

拉萨甜茶并不是藏族人原创的茶品，它是由外人带到西藏的舶来品，已有上百年的历史。作为西藏茶饮的代表，甜茶选用的材料十分简单，制作也并不复杂。首先是将红茶熬出汁，再加入牛奶、白糖，充分搅拌即可。

甜茶乳黄浓稠，香甜可口，沁人心脾。

必享由来

关于甜茶的来历，民间有两种说法。一说是由当年入侵的英军带到西藏的。当年的英军中不少是世袭的贵族，喝下午茶是他们的传统习惯。这种悠闲享受的生活影响了当时西藏统治者的上层。他们也开始喝起了"下午茶"。之后逐渐推广到民间。另外一说认为，其是雍正年间，由逃难到西藏的回民带来的清真食品。当时吐蕃蕃王在拉萨的西郊划出一块地给这些难民，作为他们的安身之所，并为他们建起清真寺。而这些回民为了生活，便开始做起了清真传统甜茶的生意。

藏族

在拉萨的各个茶馆都有甜茶出售。城关区的光明港琼甜茶馆、仓姑寺甜茶馆、卓嘎甜茶馆、老革命甜茶馆的客人很多，是不错的选择。

甜茶单杯卖很便宜，一杯1~2元，可点上一份藏式或西式点心，总价为10~15元。

藏族酥酪糕

必尝美味
　　藏族酥酪糕是西藏的著名糕点。酥酪又叫做"醍"，指从牛奶中提取出来的酥油。其营养价值极高，是滋补身体的上品。酥酪糕还是藏族同胞常拿来招待客人的美味点心。

　　酥酪糕是用提炼过的曲热（即奶油淀粉）、奶油、白糖、人参果（蕨麻）、葡萄干、核桃仁等加水和成醍面坯，再在面团的表面用红绿丝绘出一些吉祥的图案，上屉蒸熟。吃时用藏刀将蒸好的糕点切成小块就可以了。

必享典故
人参果

　　曾有人考证，酥酪糕里的人参果可能就是《西游记》中镇元大仙道观里人参果的原型。因为在藏语里，其名意为"吉祥长寿"，译为长生不老之果。从现代的医学角度来看，人参果的营养价值极高，富含皂甙、黄酮、氨基酸、蛋白质、矿物质等多种对人体有益的营养元素，具有强身健体、延年益寿的保健价值。

　　在西藏，不少僧侣在进行禁食修行前就只吃少许人参果。足见其营养价值极高。

必品特色
　　酥酪糕奶味浓郁，口感绵软香浓，造型美观。

必荐星级 👍👍👍👍

必尝正宗地★
　　拉萨市城关区的娜玛瑟德餐厅会有正宗的酥酪糕出售，其性价比也较高。

必知一般价格★
　　一份的价钱为10~15元。

西藏奶渣饼

奶渣饼是藏族人家几乎都会做的一道甜点，也是主人经常拿来招待客人的糕点。在藏语中，奶渣饼被称为"推"，是由奶渣和酥油混合制成的一种甜食。

奶渣其实是制作酥油时剩下的物质。做奶渣饼时，舀出奶渣，加白糖（或红糖）、酥油和少许面粉，揉成面团，最后再压成饼状，入锅煎至金黄即成。

奶香浓郁，营养丰富，色白味酸，具有很好的助消化作用，可预防水土不服。

必享典故

人们常会将西藏的奶渣饼与乌克兰奶渣饼搞混，但其实二者不论从选材还是制作工艺上都相差甚远，风味也完全不同。西藏奶渣饼的奶渣是酥油提炼的产物，因而其营养价值较用鲜奶制作的乌克兰奶渣更高；而在烧煮奶渣的过程，会浮出一层奶皮，可以揭下，藏语称之为"比玛"，也是一种营养价值很高的奶制品。

必荐星级 👍👍👍👍

必尝正宗地

奶渣饼在糕点店与茶馆都可以品尝到；尤以丹林杰路"光明甜茶馆"的味道最正宗。

必知一般价格

一份价格为4~10元。

陕西小吃

陕西是我国文明起源地之一，有悠久的历史，文化沉淀深厚。陕西小吃乡土韵味浓郁，品种丰富，有些是西北的传统小吃，有些属宫廷食品，在国内外都有很高的评价。

由于陕西地处黄土高原，冬天气温较低且风大，所以小吃多辛辣。

牛羊肉泡馍

牛羊肉泡馍是西安土生土长的美食，已有几百年的历史。其制作方法是先将牛羊肉和牛羊骨洗净入大锅，添足水，加食盐、花椒、八角、草果、桂皮、良姜、葱、大小茴香等佐料，先以大火煮数小时，再以文火炖数小时，使肉烂成汤；再将白面烤馍饼掰碎成小块放入碗内，另加葱花、白菜丝、料酒、粉丝、盐、味精等调料，以及一些熟肉片，最后舀入熬好的汤就做成了。

牛羊肉泡馍的吃法有好几种，有自吃自泡的；有干泡，让汤汁完全渗入馍内，碗中不见汤的；有吃完泡馍另喝一碗汤的；有吃完泡馍还剩一口汤的；还有多加汤水泡馍，如漫灌的。若吃到一半，觉得有点腻，可加食一点糖蒜解腻。

西安制作羊肉泡馍的场景

必享典故

羊肉泡馍源于古代的羊羹，即羊肉汤。从周朝至宋朝，中国一直称羊肉汤为羊羹。后来在羊肉汤里加入馍块便成了羊肉泡馍。相传宋太祖赵匡胤未投军前曾流落长安，时值寒冬，饥寒难耐，囊中只有一饼，冷硬得难以下咽。街边一家卖羊肉汤的老板见状，给了他一碗热羊肉汤。赵匡胤便将饼掰碎泡在汤里吃，觉得味美无比，吃后有了精神。后来他当了皇帝，尝遍世间美味，总觉得那羊肉汤泡馍饼最好吃，便令厨房仿制。厨师经反复试制，定下一套做法，并流传下来，就是现在的羊肉泡馍。

羊肉泡馍肉烂汤浓，香气诱人，暖胃管饱，余味无穷。

必荐星级 ★★★★★

西安市的泡馍馆很多，好吃的不少，以北广济街往北200米老刘家牛羊肉泡馍馆、北广济街上快到红埠街的老米家牛羊肉泡馍馆、西安钟楼的老孙家泡馍馆等最为正宗。

必尝正宗地 ★

必知一般价格 ★

各店价格不一，一般每份20~30元。

西安灌汤包子

灌汤包子是西安有名的风味小吃。包子形状像软缎灯笼罩，馅成球，汤能浮馅，和开封的灌汤包子相似。有猪肉馅、牛肉馅、羊肉馅、鸡肉馅、虾肉馅、素馅的等很多种。

灌汤包子的吃法是先用筷子扎一个洞，让汤流入小勺中，吹凉饮用后再吃包子。若一口吃下，会被热汤烫伤。

必品特色 皮薄、馅嫩、汤鲜，佐以醋、香油、辣子油、蒜水等，吃起来味美可口。

必享典故

西安灌汤包子是改革开放后才发展起来的一个饭食品种，出名后仿制的店家很多，总计有几十家，味道和品质不一。

西安贾三灌汤包子馆

西安的灌汤包子店很多，以碑林区回民街北院门93号贾三灌汤包子（清真）名气最大。另外，碑林区柿园路181号小六汤包、东门外东关正街上路南老铁家灌汤包也比较有名。

必荐星级 👍👍👍👍

必知一般价格 一笼15~18元。

陕西凉皮

必尝美味　凉皮是陕西的一种地方小吃，分为大米面皮和小麦面皮两类，以大米面皮最多，故又称米皮。一般所说的凉皮指的是大米凉面皮。吃时将凉米皮切成细条，加入青菜、黄瓜丝、小豆芽等，再加入盐、醋、味精、芝麻酱、蒜汁、辣椒油、香油即可。也有不用味精，而是用草果、茴香、丁香等熬成调料的。凉皮是很好的消暑食品，最宜夏天吃。有名的有汉中凉米皮、西安凉皮、户县米面凉皮、秦镇凉皮，还有扶风的烙面皮，汉中的黑米凉皮、槟豆凉皮、魔芋凉皮，关中一带的面筋凉皮、陕北的绿豆凉皮、岐山擀面皮等。

必品特色　酸、辣、香、凉、筋、滑。

必宰典故　凉皮在秦汉时就有了，它和热面皮的不同在于热面皮是现蒸现吃，是热时吃，而凉皮主要是凉拌吃，主要用于消暑。

必荐星级 👍👍👍👍

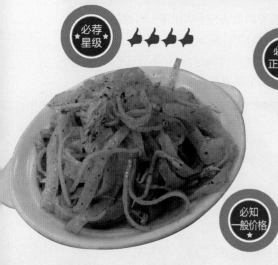

必尝正宗地★　以汉中市城固县张骞路上南一路口北侧香破口面皮；汉中市体育场旁槟豆面皮、友爱路10号李记凉皮、小江南汉中面皮；户县秦镇薛家米皮、半济堂米皮；西安市新城区轻工市场对面的云老四和金康路凉皮、南大街西木头市里的朱选民凉皮（清真）最为正宗。

必知一般价格★　各店价格不一，一碗4~8元。

岐山臊子面

必尝美味 臊子面是陇东、关中、山西地区的一种传统面食，以陕西岐山臊子面最为著名，号称陕西面食第一面。在关中地区，婚丧、过年过节、孩子满月、老人过寿、迎接亲朋时，都用臊子面做早餐。臊子面历史悠久，明朝时已有明确记载，清朝时已很流行。

臊子面的面条要用手擀细面，以筋韧光滑、软硬适度为标准。臊子，别的地方称为卤，有肉臊子和素臊子两种，以肉臊子为主。岐山面汤多面少，酸辣味突出。

必享典故 臊子面的来源有几种说法，其中一种说法是源自唐朝时的长寿面。据南宋朱翌的《猗觉寮杂记》说："唐人生日多俱汤饼，世所谓长命面者也。"《水浒传》第三回《鲁提辖拳打镇关西》中鲁达把两包臊子劈面打将去，却似下了一阵的肉雨。由此可见宋元时期已有臊子，也应有臊子面。明代高濂的《遵生八笺》里记有"臊子肉面法"，是现存文献中最早明确记载"臊子面"之名的。《辞海》中的释义："臊子，同燥子，肉末儿。"

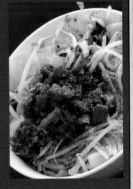

 必品特色 臊子鲜艳浓香；面薄、筋、光；汤稀、汪；总体味道酸、辣、香。

 必荐星级 👍👍👍👍👍

 必尝正宗地 岐山县大小饭店都供应臊子面，但是有写成岐山哨子面的。岐山县周公庙南3公里的北郭乡西岐民俗村的较为正宗。西安市碑林区友谊西路128号永明岐山面馆的味道不错，其在雁塔区永松路9号、兴善寺西街8号、朱雀路副316号均开有分店。

 必知一般价格 一大碗10~15元，一小碗8~12元。北郭乡西岐民俗村的臊子面是小碗盛，几乎一碗一口，女子需五六碗，男子需十来碗，男子人均20元左右。

肉夹馍

肉夹馍，是陕西名小吃之一，是用刚烤好的白吉馍加腊汁肉，吃起来方便省事，味道也很好。肉夹馍是说"肉夹于馍"，应说成"馍加肉"，但因陕西人的说话习惯，说成"肉夹馍"更顺口。

肉夹馍所用的腊汁肉是用猪肉和20多种调料经长时间精心煨制而成，火功到家，肉颜色红润、软烂醇香，肥肉不腻，瘦肉无渣，入口自化。近年来，根据人们的喜好，加大了瘦肉比例，深受食者欢迎。还发展有牛肉夹馍、羊肉夹馍。

必享典故

据说腊汁肉起源于战国时期，最早出现于韩国，后传入秦地，经两千多年的传承，形成了现在的陕西腊汁肉。

馍外皮焦黄清脆，馍与里面腊汁肉一起入口，馍香肉烂，味美无比。

老字号肉夹馍店有南大街东侧东木头市街柏树林路口西50米的秦豫肉夹馍、鼓楼南侧竹笆市街的樊记腊汁肉夹馍老店。另外，竹笆市街王恒肉夹馍、碑林区东大街298号西安饭庄的口碑也很好。

必荐星级 👍👍👍👍

必尝正宗地 ★

必知一般价格 ★

名店一个8~10元，小店5~8元，牛肉夹馍一个8~12元。

汉中热面皮

 必尝美味

汉中热面皮是汉中和西安的早餐之一，是先将大米浸泡数小时后，磨碎制成浆（或用面粉糊），上笼摊开成薄层，蒸熟成面皮；将皮面切成细条，用盐、辣椒、醋等调味料搅拌，配蔬菜一起食用。

 必品特色

汉中热面皮口感鲜香，热乎麻辣，软而不断，爽滑筋道。

 必享典故

萧何

汉中面皮起源很早，秦汉时期已有。相传刘邦任汉中王时，为解决军粮供应，命萧何兴修水利，结果粮食连年丰收。一日，刘邦微服出访，进入一农家。农人用一种蒸的面皮拌菜招待他。这种面皮是用面粉加水搅成糊，蒸成薄饼，切成条状。刘邦尝后觉得味道很美，问了制作方法后，大笑，说："此乃蒸饼也。"后来，改用多层式竹笼，一次可蒸几张。其薄如一层皮，切成细条，软而不断，好像面条，故多称"面皮"。

 必荐星级

👍👍👍👍👍

 必尝正宗地★

汉中市好吃的热面皮店很多，有汉台区东大街古汉台对面张明富热面皮、东大街老城墙面皮店、东大街（近东门桥）一品飘香面皮、友爱路中段周家大辣椒面皮、北团结街（中学巷西口对面）蒋家槟豆面皮；西安市有雁塔区永松路市政府小区对面汉中热面皮、雁塔区兴善寺东街正宗汉中热面皮等，均较为正宗。

 必知一般价格★

在汉中较便宜，小碗3.5元、大碗5元；在西安一碗约6~8元。

泡泡油糕

泡泡油糕是陕西三原县很有名气的传统小吃，至少已有1000多年的历史。在唐朝时为宫廷食品之一，现在"中华名小吃"之列。泡泡油糕为油炸糕点，因其色泽乳白，绵软甜香，糕面膨松起泡，入口即消，故名。其面皮是用开水和大油烫熟的富强粉做的，馅是用白糖、黄桂、玫瑰、桃仁、熟面搅拌而成的。取一点馅，用面皮包好，放到花生油锅里炸，等油糕上面起一层透明的泡泡，便立即捞出，控干油即成。

泡泡油糕要现做现吃，凉了泡泡纱层就会瘪掉。吃时不可性急，要吹吹降温，一点一点地吃，若猛吃一口，极易被烫着。

必享典故

唐中宗李显在位时，大臣初拜官或升迁时要献食于天子，名为"烧尾"。其典故出自"鲤鱼跳龙门"。传说鲤鱼若跳过龙门，就有天火烧其尾，鲤鱼即变为龙。大臣们向真龙天子进宴，故当称为烧尾。唐中宗景龙二年（708年），西安人韦巨源官拜尚书令，在向中宗献食的烧尾宴中，有一名为"见风消"的糕点很好吃。据考证，这种"见风消"糕点就是现在的泡泡油糕。相传安史之乱时，一位唐宫廷御厨流落三原县，以做泡泡油糕为生。这种技艺遂在三原县传开，并传承至今。

唐中宗李显

 色泽乳白，表皮膨松有泡，如轻纱蝉翼，吃起来味道酥甜可口。

 以三原县小吃城、三原县政府街东头老黄家饭馆，西安碑林区东大街298号西安饭庄的最为正宗。

 各店价格不一，一个1~2元。

甘肃小吃

    甘肃是一个多元文化省份，其独特的自然人文环境造就了当地小吃独有的风味。

    甘肃小吃选料丰富，不仅包括油料作物、酿造类作物、淀粉类作物等，还包括许多名贵野生植物、特色动物资源。以敦煌为代表的西部小吃受外来文化影响大，有着浓重的"胡风"，羊杂碎汤、肉夹馍传统小吃当属代表；以兰州为代表的中部小吃以面食为主，兰州牛肉拉面、高担酿皮等四海飘香；以陇南为代表的南部小吃兼有川味和当地特色，闻名的小吃有洋芋搅团、米皮儿、豆花子、锅盔等。

兰州牛肉拉面

必尝美味　兰州牛肉拉面俗称"牛肉面"，是兰州特色风味小吃，已有160多年的历史，原是游牧民族款待高级宾客必备食物。

其汤采用牛肉、牛肝、牛骨及10多种天然香料熬制而成，面条由高精面粉和水后手工拉制。观看拉面就像是欣赏杂技表演，一团面在师傅手中可拉出大宽、二细、一窝丝等10余种不同形状。

必品特色　品尝兰州牛肉拉面时只选用清汤，佐以牛肉片、香菜和蒜苗，浇上辣椒油即可。成品色泽鲜亮，面条绵长柔韧，肉汤香味浓醇，麻辣感后知后觉。

必荐星级　★★★★★

必尝正宗地　兰州牛肉拉面遍布兰州市每条街巷。名店有城关区中山路26号的东方宫、东方红广场金鼎牛肉面，大众巷90号附近的马子禄牛肉面，西固区福利路顶牛牛肉拉面等。

必享典故

1915年回族人马保子因家境贫寒沿街叫卖自制的牛肉面。他将牛、羊肝汤兑入面中以吸引顾客，始创了正宗的兰州牛肉拉面。后来他开始经营固定店铺，采取"客人进店即可免费喝一碗汤"的点子来吸引顾客。牛肉拉面香味扑鼻、味爽汤清，逐渐闻名四海。

必知一般价格　一般分5元、8元、10元、18元不等。

兰州浆水面

浆水面是以浆水做汤汁的一种面条，广泛流行于兰州、天水等地。浆水面的灵魂在于浆水。浆水制作工艺简单，用坛子装入不沾油渍的纯净面汤，配以芹菜或莲花菜，将坛子置放在30℃以上的地方，发酵三五天后其味变酸即可。

必品特色

做好的浆水面色味俱佳，酸辣爽口，回味无穷。

每碗4~8元左右。

品尝口味正宗的浆水面可到兰州城关区均家滩159号的醉仙楼、城关区农民巷的老字号手工浆水面大王、天水北路23号的南湖大酒店。

必享典故

相传浆水面名字由汉高祖刘邦与萧何所取。清末兰州进士王烜在《浆水面戏咏》中写："消暑凭浆水，炎消胃自和。面长咀嚼耐，芹美品评多。溅赤酸含透，沁心冻不呵。加餐终日饱，味比秀才何？"道出了浆水面的独特之处。

高担酿皮子

必尝美味　高担酿皮子是凉州当地特色面食，最早挑担经营，因担子特别高而得名。其外表晶莹通透，品尝时将其切成筷子粗细长条状，浇上醋、蒜泥、红油等料，扑鼻儿香。

酿皮制作方式独特，俗称"洗面皮"。制作时用当地特有的蓬灰代替碱，把蓬灰与面粉和成的面团放入清水中多次揉搓，将分离出的稠浆装入平底容器，上笼蒸熟即可。

必品特色　高担酿皮子色泽透明如玉，柔韧可口，配以辣椒、醋等调料后酸辣味鲜。

南湖大酒店内景

必荐星级　★★★★★

必尝正宗地　以兰州城关区武都路中央广场的再回首白记酿皮和兰州众味高担酿皮（多家连锁店）最为出名。

必享典故
高担酿皮子最初由关中人高老二从陕西引进甘肃，因其走家串户挑担叫卖而得名。后高老二在大佛寺附近开设店铺，将高担酿皮子的制作工艺传授给他人。因高担酿皮子味道独特鲜美，逐渐成为当地名吃。

必知一般价格　每碗5元左右。

甜醅子

甜醅子又名酒醅子，是兰州风味小吃。当地有顺口溜唱道："甜醅甜，老人娃娃口水咽，一碗两碗能开胃，三碗四碗顶顿饭。"在炎热的夏天吃甜醅子，倦意立刻消除，冬天食用则能暖胃壮身。

甜醅子制作方式简单，选取去皮的荞麦或青稞，煮熟晾凉后按分量加入曲，然后置入瓷盆中高温密封发酵，待酒香四溢时便成。

甜醅子有凉热之分，品时酒味香醇、浓郁芳香、清凉甘甜。

必享典故

每年端午，兰州人会在自家大门上插上杨柳枝条。其端午食俗却异于其他地方，男女老少在当天都品尝甜醅子。因兰州地处内陆，糯米和粽叶稀缺，当地人也不会包粽子，使用甜醅子代替。古时，每年清明过后兰州家家户户便开始忙着酿制甜醅子，准备端午节当天食用。其习俗源于我国古代用米酒祭祖敬神的传统，是几千年遗留下来的古老文化形态。

必荐星级 👍👍👍👍👍

必尝正宗地 以兰州市城关区张掖路大众巷的"杜记甜食"店最为正宗。

必知一般价格 每碗2元左右。

灰豆子是兰州风味小吃之一。"灰"指的是从当地特有植物中提取的食用碱蓬灰，其与麻豌豆同煮能让豆子绵软香甜。熬制灰豆子时要适时加入红枣、白糖，成品呈红褐色，浓香扑鼻，营养美味。

灰豆子风味独特，幽幽的枣香与甜甜的豆香交融，豆子绵软香甜，口感极好。

必享典故

在过去，兰州街边总有几家点着昏黄煤油灯的小食摊。古旧的煤炉上坐着口粗粗的砂锅。锅里永远咕嘟着紫黑色绵烂的灰豆子。看完戏或打完牌的太太们会经常叫夜宵吃，那必定是一碗浓稠香甜、温度适宜的灰豆子。

👍👍👍👍

以兰州城关区张掖路大众巷的"杜记甜食"店最为正宗。

每碗2元左右。

搓鱼子

搓鱼子俗称搓鱼面，是甘肃省张掖市经典面食小吃。其中间粗、两头尖，形似小鱼，故得名。其做法复杂，先选用当地特产青裸面，用盐水和成咸面团，把面团擀成面皮子后切成菱形状；然后在面板上搓成两头尖的一寸长鱼面，放锅中煮熟；最后拌上红色的胡萝卜或肉、绿色的菜叶、黄色的鸡蛋花、白色的葱段、黑色的木耳等料即可。

上好的搓鱼子鲜香爽口，催人食欲，面柔滑筋道，味调料齐全，菜五色齐备。

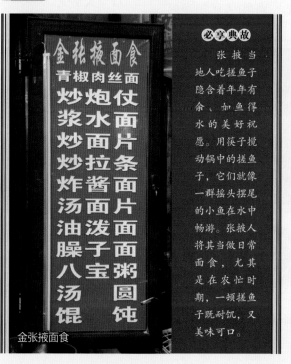
金张掖面食

必享典故

张掖当地人吃搓鱼子隐含着年年有余、如鱼得水的美好祝愿。用筷子搅动锅中的搓鱼子，它们就像一群摇头摆尾的小鱼在水中畅游。张掖人将其当做日常面食，尤其是在农忙时期，一顿搓鱼子既耐饥，又美味可口。

必荐星级

张掖市青年东街甘州特色美食风味广场的"吴记搓鱼"店所制搓鱼子最为出名。

必尝正宗地

必知一般价格

每碗8元左右。

兰州三炮台

必尝美味 　　三炮台是兰州具有浓郁地方特色的茶品。其源于盛唐时期，明清时传入西北，是与当地穆斯林饮茶习俗相结合形成的饮品。

　　其茶具玲珑小巧，由茶盖、茶碗、茶托三部分组成，故称为"三炮台"。三炮台，是用上等的菊花、福建桂圆、新疆葡萄干、甘肃临泽小枣、荔枝干、优质冰糖为佐料配制而成的。其香而不清则为一般，香而不甜为苦茶，甜而不活不算上等，只有鲜、爽、活才为茗中佳品。

　　三炮台又称"盖碗茶"，为回族传统饮茶风俗，是成都人最先发明并独具特色。所谓"盖碗茶"，包括茶盖、茶碗、茶船子三部分。其寓意为"天盖之,茶盖;地载之,茶船;人育之,茶碗"。

必品特色 　其汁清色碧、水汽袅袅、浓郁纯正，轻嚼慢咽下，一股茶香沁人心脾，实乃一大享受。

必享典故

　　三炮台相传是唐德宗建中年间（780—783年）由西川节度使崔宁之女在成都发明的。因原来的茶杯没有衬底，易烫手指，于是崔宁之女就发明了木盘子来承托茶杯。为了防止饮茶时杯倾倒，她又设法用蜡将木盘中央环上一圈，使杯子更加固定。这便是茶船的雏形。后来茶船改用漆环来代替蜡环，更加方便。这样，茶船文化即盖碗茶文化，就在成都地区诞生了。后来，这种饮茶方式逐步由巴蜀向四周发展，逐渐遍及整个南方。

 必荐星级 👍👍👍👍

 必尝正宗地 ★

　　凡是西北的酒店，没有不备好了三炮台待客的。所以，到西北旅游，随处可以品尝到。

 必知一般价格 ★

　　根据酒店档次的高低，一般每杯5～15元。如西湖银峰宾馆的三炮台，就是非常不错的饮品。

青海小吃

青海地处我国农耕地区和游牧地区交会处，当地小吃藏族风味与汉族风味相融合，边塞风情浓郁。其小吃色、香、味、形受自然环境及宗教文化影响深，具有浓郁的高原特色和民族风情。

青海高寒缺氧，畜牧业较发达，在漫长的历史中逐渐形成了以牛羊肉、奶制品和面食为主的小吃结构。其中青海老酸奶闻名已久，尕面片、拉条子、馓子、糌粑等是耳熟能详的美食。

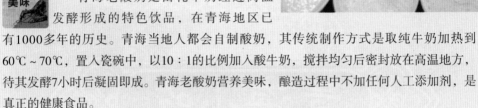

青海老酸奶

必尝美味　青海老酸奶是由牦牛奶经过高温发酵形成的特色饮品，在青海地区已有1000多年的历史。青海当地人都会自制酸奶，其传统制作方式是取纯牛奶加热到60℃～70℃，置入瓷碗中，以10：1的比例加入酸牛奶，搅拌均匀后密封放在高温地方，待其发酵7小时后凝固即成。青海老酸奶营养美味，酿造过程中不加任何人工添加剂，是真正的健康食品。

必品特色　**青海老酸奶状若豆腐脑，上层浮有一层奶皮，香浓稠滑，酸甜可口。**

必享典故　公元641年，文成公主经过青海湖畔时不幸身染重疾，卧帐不起，经多种治疗都毫无作用。正当大家不知所措时，观世音菩萨派格桑花仙子告知文成公主身边的侍女娜姆："要想治好病，需采集100头藏家牦牛的奶给公主服用。"随行的吐蕃大臣听闻后立马组织人员到草原各地收集牦牛奶。淳朴的藏民们纷纷将自家新鲜牦牛奶相送。与此同时，当地活佛也带领99名弟子为公主日夜祈福。法事在草原上持续了三天三夜。当活佛睁开眼时，看见供桌上的钵中散发万丈光芒，而盛于钵中的牦牛奶凝结成了固体，明亮细滑。活佛认为这是观世音菩萨来此拯救，于是高举着神圣之物给文成公主饮用。文成公主连饮几日后果然大病痊愈，便为其取名"雪"。"雪"就是最早的酸奶。

　　西宁的小吃巷口有自制的老酸奶出售。马忠食府的老酸奶也非常地道。但要品尝真正的酸奶就要到青海牧民家去。现全国各超市都有包装好的青海老酸奶出售。

必荐星级 ★★★★★

必知一般价格　店铺售价5元左右一碗，超市每杯180克的售价3元左右。

狗浇尿

必尝美味 狗浇尿是青海地区家喻户晓的一种麦面烙饼，当地人戏称其狗浇尿油饼，因其制作时反复沿锅浇油的动作与狗撒尿相似而得名。做法是将小麦面和成面饼，撒上香豆粉、食盐等调料后卷成长卷，在烧热的烙馍锅中边烙边用尖嘴油壶沿锅浇油，不停转动薄饼使其成色均匀，煎熟后即可食用。

必品特色 **狗浇尿外表金黄美观，口味甜香柔软，配上醇香的奶茶滋味甚好。**

必荐星级 👍👍👍👍👍

必尝正宗地 西宁城中区北大街4号（近北门坡）沙力海美食城有卖，味道较为正宗。

必知一般价格 一盘15元左右。

必享典故 青海地处青藏高原，受地理条件和气候的影响，其粮食作物以小麦和青稞为主，当地人多吃面食，狗浇尿便是其中之一。2010年狗浇尿入选世博风味小吃之一，因名字不雅而改为"青海甘蓝饼"。

发菜蒸蛋

必尝美味 　发菜蒸蛋是青海高原传统美食，以当地独有的山珍——发菜为原料。制作发菜蒸蛋时先将鸡蛋黄和蛋白分离，调配盐、花椒、姜粉等佐料后分别搅打匀称；而后把蛋白与发菜一同蒸熟，取出后在上层覆上蛋黄继续蒸透；出笼时将其反扣盘中，浇上羊肉汤后即可。发菜蒸蛋色彩分明，顶层似雪，中层漆黑如蜂窝状，底层金黄。

必品特色 　**发菜蒸蛋造型栩栩如生，口味淡雅醇香，发菜可口松脆，蛋层细嫩软滑。**

必享典故

成熟的发菜黑如漆、柔如锦丝，是针对高血压、妇女病等食疗的佳肴。古时发菜曾作为皇室贡品，唐、宋期间远销国外。当今由于"发菜"和"发财"谐音，我国港澳及海外游子为了讨吉利，寄托乡情，对其格外喜欢。有人雅称其为"黄金白银乌丝糕"。

必荐星级 👍👍👍👍👍

必尝正宗地 以青海饭店等大宾馆制作的最为正宗。

必知一般价格 一般二三十元一份。

尕面片

　　尕面片又叫面片子，因面片小而得名，是青海地区家常面食。按面片形状和烹饪方法不同，尕面片可做成玲珑小巧的"指甲面片"、与蘑菇混煮的"蘑菇面片"、炸酱拌吃的"烩面片"，还有和粉丝、辣椒、牛羊肉同炒的"炒面片"等。

　　其制作方式独特，将揉好的软面切成粗条"面基基"，覆上湿毛巾，待其压好面后，不用擀面杖而是单纯用手将面团压扁揪成手指长短，而后将面片投入沸水中煮熟即可。

尕面片面片细腻，滋味各异，蘑菇面片汤鲜味美，指甲面片口感滑嫩，炒面片香醇爽口。

👍👍👍👍👍

　　尕面片在青海很常见，较为出名的是西宁文化街的"文化街面片馆"和西宁八一市场进口处一家尕面片馆。

每碗7元左右。

青海湖二郎剑景区

必享典故

　　青海地广人稀，古时交通不便，中途旅店很少。各族人奔走于农牧区之间需跋涉多日，每当日落天黑时往往在路边扎起帐篷。他们在帐房旁用石块架一口锅，不用切刀、案板、擀面杖等工具，只需一个木碗，冷水拌面后将面团揪成小面片投入锅中煮熟，加入羊肉就是有名的"三石一锅羊肉尕面片"。一顿饭操作简单，省时省事。草原人们食毕后将木碗揣怀中，铜锅搭马背，扬鞭驱马继续前行。

焜锅馍馍

必尝美味 焜锅馍馍是青海地区撒拉族和回族特色食品。其外形艳丽，制作方式特别，在发面里卷进菜油后抹上香豆粉、红曲等食用色素，卷成多彩交织的面团，然后放入埋在麦草火灰的焜锅里加热半小时即可。

青稞

必享典故 受特殊的地理环境影响，青海粮食作物以青稞为主。自古以来青海各族人民喜欢把青稞碾成面粉制成糕点，馍馍就是其一。焜锅馍馍既是当地人民的主食，也是他们逢年过节时串亲访友携带的传统礼品。

必品特色 烙出的焜锅馍馍绽放如花，艳丽多彩，口感香酥美味，内软外脆。

必荐星级 👍👍👍👍👍

西宁城中区人民街古玩市场里的一家馍馍店口味较为正宗。

必尝正宗地

必知一般价格 每个4元左右。

炮仗面

必尝美味　　炮仗面是青海风味面食"拉条"中的一种，因其形似炮仗而得名。制作炮仗面时先将面条揉到硬滑，饧十多分钟，另煮一锅放有土豆、西红柿、青椒、羊肉等料的浓汤，待水沸时迅速将面条掐成小炮仗大小射入汤中，煮熟后搭配调料即可。

必品特色　　炮仗面吃到嘴里火辣辣，有放炮仗的感觉，令人胃口大开，一碗过后仍意犹未尽。

马忠食府拉面师傅

必享典故

拉条是西北人日常主食之一，名目繁多。细圆的是鸡肠儿，一寸左右的鸡肠面叫"炮仗子"，更细的是"香头儿了"、"根线"。压成宽扁形的是"扁叶子"，窄扁的是"韭叶子"，揪成方形薄片的是"揪片子"。

必荐星级　👍👍👍👍

青海西宁城东区莫家街市场马忠食府有较为正宗的炮仗面出售。

必尝正宗地

必知一般价格　　大碗6元左右，小碗5元左右。

羊肠面

羊肠面是青海省省会西宁地区常见的一种风味小吃。它以羊肠为主料，与热汤切面一起共食。

羊肠分为肉肠和面肠，肉肠由羊的内脏等经过调味制作而成。另外，有些地方还有用煎锅煎出来的大肚片，以及上好的羊腿肉制作，绝对是色香味美，值得品尝。羊肠面肠段细脆馅软，面条悠长爽口，夏天可凉吃，冬日可热吃，实属地道美味小吃。

羊肠面汤色淡黄，肠段洁净，肥肠粉白，是不可不尝的地方特色美味。

必享典故

羊肠面是西宁地区常见的风味小吃。其以大小羊肠管、葱、姜、花椒、精盐、萝卜为主料，并伴以热汤切面共食。其做法为：先洗净羊的大小肠管，不剔剥肠壁油；再装入葱、姜、花椒、精盐等为佐料的糊状豆面粉，然后扎口煮熟，并在煮羊肠的汤内投入已煮熟的萝卜小丁、葱蒜丁混合的臊子汤。

食用时，先喝一口热羊肠汤，而后切豆面肠为寸段一小碗，再吃一碗臊子汤浇的面条。

必荐星级 ★★★★

必知一般价格 一般3～15元。

青海西宁城东区莫家街市场马忠食府有较为正宗的羊肠面出售。这里的羊肠面筋道、味美，令人难忘。

必尝正宗地

宁夏小吃

　　宁夏回族自治区是我国五大自治区之一，自古以来便是东西往来的要道地区。这里的小吃集西北与中原小吃大成于一身，既有回族食品的风味，又有中原人喜好的口味，还带有某些南方小吃的特点。

　　宁夏小吃在烹制上多使用"焖、烩、烧、炖、扒"技法，口味较咸，偏酸，多辣，带有明显的西北民间食品特色。

手抓羊肉

宁夏手抓羊肉是回族食品中一道有名的美食。其制作时选用宁夏滩羊肉，最好是八个月的羯羊（去势公羊），切成2斤左右的大块，放入开水锅中，加花椒、小茴香、八角、桂皮和杏、橘皮干等调料，先温火煮慢炖，再大火爆煅，至骨肉能分离时即可出锅；切肉要肥瘦相间，这样好看又有味；肉上盘后，另用小碗盛芝麻酱、豆腐乳（调成汁）、腌韭菜花、酱油、醋、葱花、蒜泥、辣椒油等以调味，拿羊肉蘸食用。尤其是蒜泥可单独盛在小碗内蘸食，因为"吃羊肉不吃蒜，味道减一半"。

肉味鲜美，不腻不膻，软烂嫩香，汤料酸辣鲜香。

必荐
星级 ★★★★★

以宁夏吴忠市民族食府院内的国强手抓（总店）、银川市兴庆区解放西街408号国强手抓；银川市兴庆区新华东街309号、长城东路497号、解放东街93号（近鼓楼）的老毛手抓；灵武市利民路老毛手抓、吴忠市利通区利宁南街胜利路口南西侧的老毛手抓最为正宗。

必尝
正宗地

必享典故

宁夏手抓羊肉至少有100多年的历史，因不膻气，且佐料味正，故远近闻名。当地的滩羊吃野生甘草、山麻黄等，肉质纯正无膻味，是宁夏手抓羊肉味道好的最根本原因。现在以吴忠县"老毛手抓"、银川"国强手抓"最为有名，均入选"中华清真名小吃"。

必知
一般价格

一斤手抓羊肉约70元，一斤手抓羊脖约80元。

烩羊杂碎

烩羊杂碎是西北地区有名的风味小吃，出自宁夏同心县，现以吴忠市的最为出名，又被称为"吴忠风味羊杂碎"。吴忠羊杂碎在1994年5月被评为"全国清真名牌风味食品"。

其做法是先拿一个完整的羊肺从喉管处注水，经多次冲洗，直至肉色变白为止；再把和好的面糊灌入羊肺，羊肺被盛满后，立刻挂起来控干水分，之后下锅炖成汤；把熟羊头肉、心、肚、肝、肠切成丝放入碗里，盛入原汤，再加些葱花、姜末、蒜末、辣椒油、味精、香菜等，即可享用。

烩羊杂碎汤色乳白，鲜香微咸，其中羊肝有清肝明目的功效。

必荐星级 ★★★★★

以宁夏老吴忠中学对面的杜优素羊杂碎、吴忠市军分区西湖菜市场南门牛记羊杂碎，以及勉记羊杂碎最为正宗。

必尝正宗地★

有肺的一碗10元；无肺的18~20元。

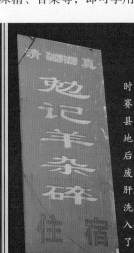

必享典故

蒙古人征西夏时，有一次被困静赛军（今宁夏同心县）山林，军队就地解决温饱。主管后勤的一个小兵把废弃的羊头、蹄、肝肺找回来，用水洗净剁成碎块，放入锅中熬煮，只加了些野菜和盐当调料。因调料不足，他受到了上司将官的责骂。等汤熬好后，他先盛出一部分让将官和士卒品尝。没想到，品尝的人都称赞汤味道鲜美。于是士兵们便都按这种方法熬制。后来，这种煮羊杂碎的方法便在同心县流传开来。后经民间厨师多次改良，成为如今的宁夏烩羊杂碎。

油香

必尝美味　　油香是宁夏很流行的一种油炸小麦面饼，是家常主食之一。其做法是取酵母添温开水和面，发酵后倒入碱水中和，打入几个鸡蛋，揉成面团，擀成长卷，分段，做成碗口大小的薄圆饼，中间划二三条刀，放在油锅里炸熟，捞出控干油即成。吃的时候要顺着刀口撕，一条一条地吃。

**必品特色**　**油香色红酥香，鲜软味美。**

必享由来　　油香在中国北方分布很广，是一种很普遍的油炸面饼。其中河南汉族的油香与宁夏的在做法和形状上一样，连名字都一样，二者有同源关系。基本可以肯定的是油香不是西方传来的，是中国本土的食品。其创制时间和传播路径还有待学者考证。

必荐星级　★★★★

必知一般价格　每份15元左右。

银川市中山北街北关清真寺旁边的田氏、兴庆区解放西街408号国强手抓、解放东街93号（近鼓楼）老毛手抓、灵武市利民路老毛手抓。

必尝正宗地

馓子

馓子是中国传统的小吃，一种油炸的细环饼，有悠久的历史，起源于山西，现在山西、宁夏、甘肃、江浙等地很流行。其做法是用和好的面搓成细条，盘成盘，入油锅中炸至金黄色时捞出，控干油即可。

馓子如金条盘绕，九曲十弯，清脆可口。

贾思勰

必享典故

馓子原是寒食节的冷食，古称"寒具"，起源于春秋时的晋国（今山西省境内）。清明节前一天为寒食节，是为纪念清高的介子推而设的节日。这一天不能生火吃热食。故在前两天炸好馓子，在寒食天吃。

南北朝时贾思勰《齐民要术》载："细环饼，一名寒具，以蜜调水饧面。"五代时金陵的"寒具"很有名，有"嚼着惊动十里人"之誉。宋朝苏轼的《寒具》诗云："纤手搓来工数哥，碧油轻蘸嫩黄深。夜来春睡农于酒，压扁佳人缠臂金。"明代李时珍的《本草纲目·谷部》中说："寒具即食馓也，以糯粉和面，入少盐，牵索扭捻成环钏形……入口即碎脆如凌雪。"

必荐星级　

必尝正宗地

以银川市兴庆区解放西街408号国强手抓、解放东街93号（近鼓楼）老毛手抓、兴庆区富宁街269号（羊肉街口）同心春的最为正宗。

必知一般价格　一份约24元，一个人需半份。

八宝茶

必尝美味

八宝茶也称三炮茶、三炮台，是宁夏、甘肃的一道传统茶点，是由毛尖、茯茶或普洱茶加白糖（或冰糖）、枸杞、红枣、核桃仁、桂圆肉、芝麻、葡萄干、核杏、苹果片等掺合在一起冲饮，又甜又香，还有滋补作用，常在饭后饮用。

必品特色

其香甜可口，甜而不腻，营养丰富。

必享典故

八宝茶原是居住在古丝绸之路上人家待客的茶点，现在甘肃及宁夏很流行，很多饭店、茶馆内都有供应。八宝茶有滋阴润肺、清嗓利喉的功效。沏八宝茶习惯使用有盖和底座小碟的茶碗，西北人称之为三炮台，故又称八宝茶为三炮茶。用这种茶具泡茶，有盖可以保温，端起来喝茶又不烫手。

必荐星级

★★★★★

以银川市兴庆区解放西街408号国强手抓、解放东街93号（近鼓楼）老毛手抓、兴庆区富宁街269号（羊肉街口）同心春、灵武市利民路老毛手抓的最为正宗。

必尝正宗地

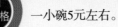
必知一般价格

一小碗5元左右。

爆炒羊羔肉

必品特色　色泽棕红，肉嫩味香，肥而不腻。

必享典故

平罗县黄渠桥镇的爆炒羊羔肉已有近百年的历史，据说它之所以味好，是因为当地的水有碱性。用碱性水泡出来的羊肉没有膻味，而且肉质鲜嫩，因此爆炒羊羔肉就成了黄渠桥的一绝，以马家和周家的最为有名。

必尝美味　爆炒羊羔肉流行于宁夏、甘肃、青海、新疆四省（自治区），是当地的清真美食。羊羔肉在宁夏俗称"够毛羔"，一般指40～50天大的羊。较为正宗的爆炒羊羔肉，出自于宁夏石嘴山市平罗县黄渠桥镇。

其基本做法是先用清水把羊肉泡两个小时，再切成约3厘米的小方块，放入热油锅爆炒10分钟，等肉色发红时放入葱、蒜苗、盐、花椒、醋、辣椒片、姜、酱油，翻炒数下再倒入一些羊肉汤，焖25分钟即可出锅盛盘。

必荐星级 👍👍👍👍👍

以银川市兴庆区清河北街256号黄渠桥羊羔肉餐饮、兴庆区解放东街170号三益轩的最为正宗。

必尝正宗地

必知一般价格　每份20~50元。

羊肉小揪面

羊肉小揪面是宁夏有名的面食小吃，因面片是揪出来的，故名揪面。其面片长短不一，厚薄不均，大小由个人喜好而定，可谓是一大特色。

做羊肉小揪面要先和面后做面汤。面要和得软一点，和好备用。汤的做法是先往锅里放点油，油热后，放入羊肉片、姜丝，炒至肉的水分干掉，加调料粉，小炒两下，加水烧开，稍煮，放入酸菜和蒜，待再次水开，放入盐、味精、葱、绿辣椒即可。把和好的面擀开切条，揪成面片，放入另一开水锅中，等面片熟后捞出，放到汤锅里，和匀，就可以出锅入碗了。

羊肉小揪面面片爽滑筋道，汤香鲜酸辣，驱寒解乏。

宁夏盐池县的滩羊肉，尤其是羯羊肉，不膻气且味鲜，是做小揪面的上等原料，深受当地人的喜爱。在陕甘宁及内蒙古西部地区，只要提起盐池的滩羊肉，人们就赞不绝口。据说盐池的滩羊是西汉时的苏武从北方带来的。当时汉朝的苏武出使匈奴，竟被扣押，后又被置于北海牧羊19年。汉昭帝时，汉使得知苏武未死，便迫使匈奴放苏武等人回汉。苏武回来时带了一群羊，至盐池县时暂驻。羊群吃的是野甘草秧、莎草、野苜蓿、苦豆、盐蒿等，喝的是微咸水。不久，苏武发现羊肉变得不膻且味鲜，知是水草的原因，便将羊群放养于此地。后来这群羊发展成为当地的滩羊。

以银川市兴庆区上海东路阳澄巷（近凤凰北街）同心县马林面馆、凯达大酒店十字路口西北角路西羊排小揪面、兴庆区湖滨街玉莲面馆的最为正宗。

一碗8元左右。

新疆小吃

　　新疆地域广阔，其风味小吃具有浓郁的民族特色，充满了强烈的乡土气息。新疆的特色小吃从选料到做工都很精细，其味道古朴无华。它们中有许多都已传遍了大江南北，如新疆烤羊肉串早已家喻户晓；薄皮包子、烤包子、抓饭等也是深受大众欢迎。

烤羊肉串

必尝美味 新疆烤羊肉串是一种备受青睐的传统风味小吃。维吾尔族语称其为"喀瓦甫"。其制作方法为，先把羊肉切成薄片，然后肥瘦交错地穿在铁钎上，放在炭火上一边扇风一边来回翻动地烤制；最后在羊肉串上均匀地撒上辣椒面、孜然粉和盐，几分钟便可烤熟。

近年来，乌鲁木齐、库车、墨玉等地出现了一种民间称为"米特尔卡瓦普"的烤羊肉串的新形式，意思就是"1米长的烤肉串"。其肉块大、钎子长，吃起来更加过瘾。

必品特色 焦黄诱人，香味扑鼻，肉嫩味美，不膻不腻。

必荐星级 👍👍👍👍👍

必尝正宗地 ★ 在新疆的夜市路摊上随处可见，均较为正宗。

必享典故 据古书记载，烤羊肉串在中国已有1800多年的历史。早在1800年前的时候，马王堆一号汉墓就出土过烤肉用的扇子。考古专家还在临沂市内的五里堡村发现两幅东汉晚期的石残墓画像，上面都刻有烤肉串的景象。两幅画中的人物都是汉人，他们用两根叉的工具来串肉，然后放在鼎上烧烤，并且用扇子扇火，就像现在的新疆人烤羊肉串一样。

必知一般价格 ★ 5元左右一串。

烤包子

必尝美味

　　烤包子，维吾尔语称"沙木萨"，是维吾尔族人们非常喜爱的食物之一。它的皮要用死面皮，并将其擀成很薄的方形。馅心用羊肉丁、羊尾油丁、孜然粉、胡椒粉、洋葱和盐均匀搅拌而成。将包好的包子放在馕坑里烤十几分钟即熟。

必品特色

色泽金黄，皮薄馅鲜，回味无穷。

必享典故

　　相传最早的烤包子是在野外诞生的。早先新疆地区的牧民经常外出放羊、打猎，由于很长时间不回家，他们就带上刀、面粉、水、馕等。他们打来野兔后，便用和好的面将洗净并切好的兔肉包起来放到木炭上烤着吃。但是烤好的食物外层总是黏着一层炭灰，于是牧民们想出一个好办法。他们找来三块石头，两块作为支架，另一块放在支架上面。他们先用火将石头烤热，再将面裹兔肉放到石头架的内壁烤。以这种方法烤出来的食物外层没有炭灰。于是，以后的烤包子都是放在炉膛里烤了。

　　据说依布拉音·艾利克斯拉木是几百年前的一位名厨，他做的烤包子味道一绝，备受欢迎。后人常用他的名字来吸引顾客。

必荐星级　👍👍👍👍👍

城乡巴扎的饭馆、食摊，大都销售这种食品，味道都还不错。

必尝正宗地

必知一般价格

一般每500克32元左右。

薄皮包子

必品特色 油亮剔透，皮薄馅嫩，美味爽口。

乌鲁木齐大巴扎

必尝美味 薄皮包子在新疆是一种很受欢迎的风味小吃。维吾尔族人经常将其与馕和抓饭一起食用，是其招待亲朋好友的上等饭菜。

这种包子的面皮制作比较特殊，是用盐水和面而成的，不用发面。馅心选用上好的羊肉，将羊肉洗净剁碎后，加上胡椒粉、孜然粉、洋葱末等调料搅拌而成。注意，在包子里加入适量的胡椒粉不仅可以提味，还能增加人的食欲。最后将包好的包子放入笼屉内用旺火蒸20分钟即可。

必享典故 维吾尔族语中薄皮包子被称为"皮提曼塔"，其中"皮提"是死面的意思，"曼塔"则是源于古汉语的"馒头"（古代人称包子为馒头）。

必荐星级 ★👍👍👍

必尝正宗地 以城乡巴扎的饭馆、食摊最为正宗；喀什大巴扎附近的味道也较好。

必知一般价格 1元一个。

拉条子

拉条子是拌面的一种俗称。大凡内地人到了美丽的新疆，都要品尝其美味。到新疆不吃拉条子，就如同到西安不吃腰带面，到武汉不吃热干面一样令人遗憾。

其最大特点就是不用擀不用压，而是直接用手拉制而成。制作拉条子时一定要掌握好要领，否则很难成功。首先，面粉很有讲究，一定要用新疆的小麦，因为新疆小麦生长周期长，面粉筋骨好；其次，和面的时候盐要放适量，否则面很容易拉断或拉不开；和好面后要在其表面抹上清油并盖上盖子放置半小时以上（2~3个小时效果最佳）；最后需要注意的是，拌面菜一定要选芹菜炒肉、青椒炒肉或菠菜炒肉等，否则味道就没那么好了。

面条圆滑细长而且筋道，再加入自己喜欢的拌面菜，十分美味。

拉条子面

 必享典故

关于拉条子的由来众说纷纭，有说它最早起源于山西，是由当年的骆驼客将其带到新疆的；有说这是由回族同胞发明的；还有说其是由新疆维吾尔族人发明的。我们现在不必太拘泥于它的来源。随着历史的发展变迁，各民族间的相互学习与交流，拉条子已经成为国内很有名气的一种新疆特色美食，备受大众青睐。

必荐星级 👍👍👍👍

必尝正宗地

新疆出名的特色拌面，最出名的当属奇台、托克逊、伊犁的拌面。

必知一般价格

一般15~20元一碗。

纳仁

纳仁也叫手抓羊肉或手抓羊肉面，是新疆牧区的特色美味佳肴。当客人吃完手抓羊肉面，主人还要请其喝制作此面的原汤，以达到"原汤化原食"的作用。

吃这种饭对主人和客人来说都是有讲究的。首先主人在做这种饭前要举行一种叫"巴塔"的仪式，即主人先把要杀的羊给客人过目，经过客人允许后便可动手杀羊。与此同时，客人也要向主人表示感谢和祝福。吃饭前大家都要洗手，在餐桌上主人还要把羊头放在主要的客人面前，表示尊敬。客人吃前要削羊头脸的一块肉送给主人，再割一只羊耳朵送给在座的年纪最小者，最后把羊头还给主人。这些礼节结束后大家才可以开始吃肉。

必享由来

相传手抓羊肉有近千年的历史，以手抓食用而得名。它是维吾尔族人民非常喜欢并在生活中必不可少的食物。这与他们的生活环境及生活习惯有着很大的关系。牧民们每次外出都要好久，而羊肉有饱食一顿整天都不饿的功效，因此他们对于羊肉情有独钟。

维吾尔族舞蹈

吃前的礼节颇多，给人一种神秘感，但吃起来却鲜美无比，别有一番风味。

必荐星级 ★★★★

必尝正宗地

人民电影院附近的一家"哈萨克奶茶店"里的纳仁味道很正宗，很多客人都会慕名而来。

必知一般价格

面10元左右一份；手抓肉四五十元一份。

香馕

 馕是新疆人们最喜爱的面食之一，已有2000多年的历史，在古代人们称之为"炉饼"、"胡饼"。其品种可达50多个，花样多，原料也很丰富，常见的有油馕、肉馕、芝麻馕等。其制作方法和汉族的烤烧饼相似，但不同的是馕的里边加入了各种口味的馅心，因此其味道丰富多样。

 大饼中间薄两边略厚，可根据个人喜好加入不同口味的馅心，十分美味。此外这种饼可存放的时间长，方便保存。

馕

必享典故

传说当年唐僧西天取经路过沙漠时随身带的食物便是馕，是这种食物帮助他顺利地走过艰辛的路途。"馕"源于波斯语，中原人称之为"胡饼"，《突厥语词典》称馕为"尤哈"或"埃特买克"。相传在东汉时期宫廷里还曾兴起过胡饼热。张骞通西域后，随着商业贸易活动的频繁，胡饼也在内地得到普及。其名称从汉代到宋代一直都在中原流行，这说明它对中国的饮食文化有着很深厚的影响。

 必荐星级 👍👍👍👍

以阿布拉的馕最为正宗，共有四家分店。如位于沙依巴克区西虹西路160号的西北路店、天山区解放南路176号国际大巴扎内的解放南路店。

 必尝正宗地

 必知一般价格

馅心不同，价格稍异，一般1~5元。

抓饭

抓饭被维吾尔族称为"朴劳",是当地人们逢年过节、婚嫁丧葬的日子里招待宾客的必备食物。在吃抓饭时主人要先请客人围坐在炕上,然后端来一个盆和一个装满水的壶请客人逐个洗手,并递送毛巾。待到主人端上几盘"抓饭"后(一般两到三人一盘),客人便可直接用手从盘中抓着吃了。这种食物就是因为其吃法而得名为"手抓饭"。

"抓饭"的主要原料有大米、羊肉、洋葱、胡萝卜和清油,先把羊肉切成小块并用油炸;然后加入孜然、胡萝卜、洋葱;把它们炒完后放入清油、盐,再倒入大米将其一起焖熟即可。

油亮美味,香气四溢,味道可口,富有营养。

抓饭

必享典故

相传1000多年前,有个医生名为阿布艾里·依比西纳。他晚年体弱多病,吃了许多药物也不管事。于是他研究了一种新型的饭进行食疗。他把羊肉、洋葱、羊油、胡萝卜、清油和大米加入盐后焖熟。这种方法制成的饭色、香、味俱全,使人食欲大增。阿布艾里·依比西纳医生从研制成这种饭后便每日早晚都食用,不久身体就康复了。大家都为此感到好奇,还以为他吃了什么灵丹妙药。最后,医生把这种能食疗的"药方"告诉了大家。这种饭通过代代人的流传,便形成了我们今日所见的"抓饭"。

必荐星级 ★★★★

必知一般价格

必尝正宗地

以沙依巴克区原五一市场、天山区和平南路489号的最为正宗。

一份30元左右。

油塔子

油塔子是维吾尔人非常喜爱的面油食品，它的形状似塔，故名为油塔子。这是一种老少皆宜的食物，但是制作方法不是那么简单，需要掌握一定的技巧。

制作油塔子的面要用温水和，还要在里面适当地加入酵面和碱水；等面醒好后将其揪成若干个小团并抹上清油；然后分别将每一块面团擀薄拉开，抹上一层炼羊尾油。注意，根据天气的不同抹在面皮上的羊尾油也不完全一样。冬季为了避免低温导致油凝固，要在羊尾油里加入少许清油，因为清油是不易凝固的；夏季为了避免气温高导致油融化流出面层，要在羊尾油里加入适量的羊肚油，因为羊肚油凝固性很小。经过这样精心的处理，制作好的油塔子会更加独特美味。

油亮色白，面皮轻薄，层次很多，软而不黏，油而不腻。

以米泉市古牧地东路附近的昌吉丁氏丸子汤油塔子名店最为正宗。

一份0.5元左右。

新疆罗布泊楼兰遗址

油馓子

油馓子是在肉孜节和古尔邦节上维吾尔族等少数民族家家户户餐桌上必备的一道风味名点。当客人到来入座后，主人要热情地招待他们。主人要先掰下一束油馓子给客人，然后再为他们倒上奶茶并泡上自己喜欢食用的方块糖（新疆石河子产的），最后还要感谢他们的光临。

颜色黄亮，呈圆柱形，香脆甘甜。

乾隆

必享典故

相传乾隆皇帝下江南到了王江泾时，被一阵阵香气吸引到了一座尼姑庵。他看到几个尼姑在斋房正忙着做油馓子。油馓子不仅味香，色泽和形状也很招人喜爱。但真正令乾隆大悦的是这里的一位年轻尼姑。她样貌俊俏，十分招人喜欢。两人一见钟情，做了约定：尼姑会一直做油馓子，到时乾隆就可以循着香气找到她。

由于尼姑太过兴奋，竟把这个约定告诉了自己的师妹，而师妹又把约定告诉了其他人。等到乾隆再次来江南时正赶上端午节，岸边四处都飘散着香气。油馓子已由尼姑庵的食物变成了民间大众的美食。乾隆再也找不到曾经和他约定的那个尼姑了，于是只好无奈地离开了这里。

虽然皇帝坐船离开了，但是端午节做油馓子的习俗却流传了下来。

必荐星级

👍👍👍

必知一般价格

在新疆，各大小清真饭店均有，味道均不错。

必尝正宗地

500克27元左右。

台湾小吃

　　台湾小吃的兴盛始自明清，由从福建、广东等地迁移到台湾的移民带来。由于开垦劳作十分辛苦，耗费体力，他们中的一些人便放下锄头，改行挑起担子在田间地头出售各种方便廉价的小食。之后经过300多年的发展，就形成了今天繁荣的台湾小吃。

　　台湾小吃对外来饮食文化的吸收很多，除了源自大陆的许多小吃外，在日据时代也深受日本饮食的影响。不少台湾小吃的名字就直接使用日语的音译。西式餐点对台湾的小吃也有影响，如盐酥鸡就是直接来自西式快餐的油炸食品。

蚵仔煎

必尝美味 蚵仔煎用闽南语读应为ǒu ā jīan，换成普通话就是"海蛎煎"。它原是古代海民在没有足够粮食的情况下，想出的一种代替食品，是过去底层人民生活的象征。而如今，蚵仔煎是台湾夜市中最具人气的本土小吃，常年占据台湾小吃销售排行榜的第一名。

闽南语将生蚝称作"蚵仔"，因此所谓蚵仔煎，就是将蚵仔与鸡蛋、薯粉浆、葱花、蒜等置于铁板上混合煎成饼状。吃时再根据每人的口味刷上不同的酱料。好吃的蚵仔煎需用嘉义东石、台南安平或屏东东港等地所产的蚵仔。这里的蚵仔个大肥嫩，做出来的蚵仔煎汁多鲜美，很受欢迎。

郑成功

必享典故 关于蚵仔煎的起源，有两种说法。一说是由颜思齐、郑芝龙发明的，主要是根据《文义小品》上的记载："海无食，又与官军抵触，颜郑命从人，以蛎和粉水，煮以给食。"另一种说法则认为，蚵仔煎是由郑芝龙的儿子郑成功创造的。民间传闻，1661年郑成功率兵从鹿耳门攻打荷兰军队，意欲收复被占领的台湾岛。一路上郑军势如破竹，大败荷兰军。荷兰军首领大怒，命东印度公司将粮食全部藏起来，使得郑军粮草不到及时补充。情急之下，郑成功便命手下士卒用当地产的蚵仔与薯粉混合煎成饼吃。

 必品特色 **台湾的蚵仔煎一般颗大饱满，料足实在，煎得外焦里嫩，且酱料味道甜中带酸，咸中带辣，滋味缤纷多样。**

必荐星级

必尝正宗地 嘉义东石、台南安平、屏东东港等蚵仔养殖基地是食客最会去的地方。

 必知一般价格 一般小份的蚵仔煎大约需要新台币50元，大份的需新台币70元。

珍珠奶茶

珍珠奶茶也叫粉圆奶茶或波霸奶茶，是一种自20世纪起流传于台湾的茶类饮料。

珍珠奶茶由"奶茶"与"珍珠"两部分组成。其中奶茶以红茶为底，加入牛奶与白糖搅拌过滤后而成。所谓珍珠则是用木薯粉或地瓜粉加入焦糖、糯米等做成的圆球。喝时将珍珠加入到香醇的奶茶中就可以了。

奶茶味道醇厚，甜而不腻，奶味十足；珍珠耐嚼有弹性，口感十分特殊。

必享典故

珍珠奶茶诞生于20世纪80年代，是当时台湾很风靡的泡沫红茶的代表。在台湾，有两间店铺宣称是珍珠奶茶的最早发明者，一家是台中市的春水堂，另一家则是台南市的翰林茶馆。两家店还曾为此闹到法院。但因为两家都没有申请商标权和专利权，法院不能作出判决，才使得珍珠奶茶成为如今台湾具有代表性的小吃。

除了上述两家号称"发明者"的店铺外，还有像五十岚、阿sir、清新、奉茶等知名奶茶连锁店，均有多家分店。

根据分量和口味的不同，价钱在100~250元新台币。

度小月担仔面

担仔面是发源于台南地区的一种地方小吃，其时间可追溯至清朝光绪年间。"担仔"在闽南语里是"挑扁担"的意思，意思就是挑着担子卖的面。整个台湾最有名的担仔面就是"度小月担仔面"。这家店已有100多年历史，其独特的味道令无数过往者垂涎不已。

担仔面是用海鲜熬出的鲜味汤汁煮面，辅以新鲜时蔬，用香菜、蒜泥等提味，最后再淋上独门特制的肉臊就做成了。

必享典故

担仔面创于清光绪年间，是由当时的台南渔民洪芋头所创。台湾在清明时节与七八月份时常会有台风侵袭。这样的天气渔家是不能出海的，因此在台湾与大陆沿海一带，经常把台风侵袭频繁、生计难以维持的月份称为"小月"。每当小月时，无法出海捕鱼的洪芋头就挑上扁担，到台南市水仙宫庙前贩卖面食，以度时日。因其味道独特，很多尝过的人都赞不绝口，生意越做越好，逐渐成为远近闻名的台南代表美食。

度小月担仔面不仅曾摆上过台湾的上层宴会，令蒋经国赞不绝口，还曾远赴英国、新加坡、中国澳门等地参加美食展，接待过数不尽的政商名流，甚至连挑嘴的香港美食家蔡澜都深为佩服。

 度小月是台湾小吃"吃巧不吃饱"的代表，其面条爽滑，汤汁鲜美，肉臊独特，小小一碗就可以满足你对味觉的所有要求。

以台南市中正路上度小月担仔面店最为正宗；在台北市，则可以去华西街夜市的"台南担仔面"品尝。

 一碗普通的担仔面要价一般在50元新台币。

卤肉饭

 必尝美味

卤肉饭是台湾饭食类小吃的代表，在台湾各个地方都有店家贩卖。卤肉饭在台湾南部和北部的做法和特点不尽相同，各有自己的独特风格。在南部卤肉饭指的是，将大块五花肉用酱油、汤、五香粉等一起卤成焢肉，再把焢肉倒扣在白米饭上，摆上烫熟的青菜。而在北部，卤肉饭则是在白米饭上淋上一层用酱油卤汁炖煮的碎猪肉，这种卤肉饭在南部也叫"肉臊饭"。

台湾人做卤肉饭很讲究，不仅选料要精，炖煮卤汁的工序与火候都很重要，任何一个环节出错都会影响到最后的成果。因此台湾人常说，风味独特的卤肉饭，只有台湾人会做！

 必品特色

米饭洁白香韧，很有嚼劲，卤肉汁多肥美，十分厚重，加上鲜脆可口的酱菜，其美味让人难以拒绝。

 必荐星级

位于台北市民族东路的丸林卤肉是一家30多年的老店，一直深受当地人与游客的追捧。华西街观光夜市"清汤瓜仔肉"的卤肉饭因味道醇厚，人气一直很高，也是游客可以选择的地方。

 必尝正宗地

 必知一般价格

一份的价钱在50～80元新台币之间；台湾人吃卤肉饭时一般会搭配一碗鲜汤，所以价钱会更高一些。

必享由来

卤肉，在台湾也叫做"鲁肉"（据说因为它来自于鲁菜）。当初从大陆迁移到台湾的移民，生活条件艰苦，大家对于任何事物都很珍惜，于是想出了将肉块剁成小块，加酱油、八角、盐等卤过后拌在饭中。这样做出的卤肉不仅很下饭，而且可以长时间保存。对于物质匮乏的年代，这是一种既省钱又省事还富有营养的穷人料理。

赤滷
肉肉
焿飯
50 25

棺材板

棺材板的名字乍听不太吉利，但实际上这是台湾小吃中的名品。棺材板来源于台南，是用西式吐司片制成酥盒，装入中式爆炒的鸡胗、鸡肝等配菜，经油锅炸成金黄色的一种小吃。吃的时候要趁热，否则等到冷却后油脂凝成块，容易腻口。另外，这是一道高面粉质的食品，放久会变酸，味道更不好吃。

棺材板是一道中西结合的小吃。其造型特殊形象，口味偏甜腻。

棺财板

必享典故

棺材板的发明者是一个叫做许六一的台南小贩。最初它并不叫这个有些不吉利的名字，而是叫做鸡肝板。后来一支考古队到台南进行考古挖掘，中途累了，来到许六一的店铺休息吃饭，就点了这道鸡肝板。当时店里也清闲，除了考古队也没别的客人。于是考古队教授便与许老板聊了起来。两人聊得正开心时，鸡肝板就上来了。教授看着金黄方正的美味，忽然对老板说："您这鸡肝板很像我们正在挖掘的棺材板呢！"性格开朗乐观的许六一听后不但不生气，还爽朗地回答："那从此以后我的鸡肝板就叫棺材板好了！"于是，棺材板就取代了鸡肝板。不过这个名字也的确太过笙人听闻，于是也有不少店家将其改为"棺财板"，图个吉利。

一份120元新台币。

台南市中正路康乐市场内的"赤棺材板"就是当初许六一的店铺。

车轮饼

车轮饼是来自台湾的传统美食，之所以叫做车轮饼，是因为其成品与汽车轮子十分相似。因为刚开始时这种糕点只有红豆馅的，所以其最初叫红豆饼。

车轮饼在台湾已经有50多年的历史，由最初的炭火烤制，到液化石油气，再到电加热烤制，其口味也越来越丰富。

车轮饼的口味多样，香气浓郁，闻之就很有食欲，而其口感绵密，馅料甜腻。

必享典故

在台湾，很多人都知道马英九对车轮饼的喜爱，不论是在私下还是在公共场合，马英九都不掩饰自己对这道街头美食的喜爱。在2008年"双十晚宴"上，记者拍下了马英九大口吃车轮饼，并被夫人周美青皱眉瞪眼的照片。这张照片后来被刊登在报纸的头版上，掀起一阵车轮饼的热潮。

必荐星级 ★★★★★

位于台北市饶河街夜市的"珍珠红豆饼"，口味新颖独特，值得品尝。

必尝正宗地 ★

必知一般价格 ★

车轮饼一般四个卖50元新台币。

刈包

刈包也叫虎咬猪、割包、挂包，是来自福州的一种传统小吃。经过几代台湾人的发展，如今其已经是台湾人喝下午茶或吃夜宵时一道必不可少的点心。

传统的刈包是将馒头割成两片，往里面填入用红椒、大蒜、海山碧以及八角、当归等十二味中药烧制的五花肉，最后再淋上自制的花生酱就可以吃了。刈包外形上与我们常吃的肉夹馍有些相似，但其实味道并不同。

经过长时间熬煮的肉料入口即化，并带有浓厚的药香。而自制的花生酱香浓甜腻，再加上酸菜与腌渍好的白萝卜，五味俱全，令人难以拒绝。

台南市赤坂楼国华街附近的"阿松刈包"是一家有25年历史的老店，其味道十分正宗。高雄市六合夜市内的"肉圆割包"，台北市的公馆夜市的蓝家割包也是大名鼎鼎，味道正宗。

刈包 宁夏夜市老摊 肉粽

四神 綜合湯 豬肚湯 豬腸湯

必享典故

在台湾，刈包最初是在腊月的时候用来祭神的，因此也叫尾牙刈包。这个习惯至今仍被不少商家保留着。关于为什么台湾人要在新年吃刈包，王浩一先生在他的《慢食府城：台湾古早味全纪录》中写道："因为它的样子很像老虎张开大嘴，咬住一块松香软嫩的肉片。在尾牙时吃'虎咬猪'，想一整年不好的东西都被它吃掉，烟消云散，迎接来年事事顺利。"刈包形状又像钱包，象征发财的意思。

一个刈包大约50元新台币。

盐酥鸡

必尝美味　盐酥鸡也称咸酥鸡，是台湾很受欢迎的一种小吃。即使在白天也可经常看到人们在小摊前排队购买，是少数不依靠夜市也能存活的小吃之一。

盐酥鸡是将鸡肉切成丁，用酱料腌渍入味，再裹上面衣，然后下油锅炸至金黄。大部分店家会在起锅之前加入九层塔、蒜瓣等爆香，起锅后撒上椒盐粉、辣酱、蒜泥等拌匀装袋即可。

必品特色　**盐酥鸡外焦里嫩，气味浓郁，酥脆可口。**

必享典故
盐酥鸡是高温油炸食品，所含热量非常高。台湾一家营养健康杂志经调查后发现，在众多的台湾名小吃中，同等分量的盐酥鸡所含的热量最高，要是天天吃，一个月就可以净长两公斤肥肉，为台湾十大危险小吃之首。而在台湾，卖盐酥鸡的小摊一般都会兼卖甜不辣、猪血糕、麻薯等其他美味。因此肥胖之人要少吃这类食品。

必荐星级　★★★★★

盐酥鸡在台湾各大夜市和市集上随处可见。台南市的友爱盐酥鸡是成立于1979年的老店，味道十分不错；而台北市大直盐酥鸡则是1981年创立的老店，值得一去。

必尝正宗地

必知一般价格　在台湾，一份盐酥鸡为为55～130台币。

烧仙草

烧仙草是继珍珠奶茶之后，又一风靡大陆的台湾小吃。但其实烧仙草并非台湾本土原创，而是由移民台湾的广东客家人带过去的，但如今人们更多的是将其归为台湾小吃的代表。

烧仙草原料中的仙草是一种一年生草本植物，在两广一带也叫凉粉草，可长到一米多高。将其采摘后晒干，制成仙草干后就可以熬煮烧仙草了。在我国台湾，烧仙草有热饮与冻吃两种吃法。热饮是在烧仙草上加入加热的奶茶与糖水，同时用花生仁、葡萄干、红豆等作为点缀；冻吃就是在热饮的基础上加入冰块。

烧仙草色泽黝黑，因加入奶茶与糖水，食之苦中带甜，清凉不腻口。

 ★★★★★

以师大夜市入口的"老天天爱玉粉圆"的最为正宗。

一份烧仙草一般卖70元新台币。

必享典故

后羿射日，嫦娥奔月的故事很多人都听过，据说之后还有后传。

留在人间的后羿对于妻子的背叛深感痛苦，备受煎熬，也无心管理部族，令奸臣当道，渐渐民心涣散，部下也逐渐离他而去。最后他也心力交瘁，仰天而终。后羿死后不久，在他的坟头上长出了一种野草，并很快繁衍到各地。老百姓把这种草拿来熬煮，发现煮出来的汁水会凝结成块，食之可降温解暑、清心除火。于是百姓又将这种草称作仙人草。寓意后羿生前备受心火之苦，直到死后，其灵魂才醒悟到自己的错。为了弥补自己生前的过错，他化身为仙草，以自己的献身平息世人对他的怨愤，守护世间的人们。

香港小吃

　　香港素有美食天堂之称，不仅是高级菜品的圣地，更是街巷小吃的天堂。香港人本着经济美味的理念，不断创制出具有港式风格的小吃，成为我国各大城市效仿的对象。其小吃味道纯正，价格便宜，包罗万象，既满足了当地人的需求，也吸引了不少外地游客，成为香港的招牌之一。

　　香港人光顾最多的地方就是茶餐厅和大排档，这反映了其平民化、高速化、大众化的生活理念。英国统治期间，港式茶餐厅如雨后春笋般迅速生长，香港小吃也得到了空前的发展，其中最为著名的有辣鱼蛋、蛋挞、西多士、碗仔翅等。

辣鱼蛋

必尝美味 辣鱼蛋又名咖喱鱼蛋，是香港小吃的台柱。其成本低廉，弹性十足，味道鲜美，是学生们的最爱。辣鱼蛋的主要材料是鱼蛋，而鱼蛋的味道大同小异，卖家只能凭酱汁出奇制胜。一般的店主都会在自制的辣酱中混入咖喱粉，这样既能缓解辣味，又能让辣味中透着浓浓的咖喱香，十分诱人。

制作时将成串的鱼蛋在油锅中炸熟后刷上特制的辣酱便可食用。其在我国香港销量惊人。据统计，香港每天可销掉上万颗的鱼蛋。咖喱鱼蛋也是一种营养丰富的保健品，所含鱼肉成分既对心血管起到一定的保护作用，也能清热解毒、养肝补血，对人体有百利而无一害。

必享典故 咖喱鱼蛋虽是香港名吃，但历史并不悠久，起源于20世纪五六十年代。当时香港已兴起街边小摊。为了降低成本，摊主便低价收购一些卖剩的潮州白鱼蛋和鱼肉，将其油炸后淋上辣酱贩卖。没想到咖喱鱼蛋一经推出，便大受欢迎，不出几年便风靡香港，现已成为香港小吃界的龙头。

香港"许留山"小吃店

必品特色 其外形小巧，色泽泛黄，味美弹牙，酱香辣足。

必荐星级 ★★★★★

以香港登打士街和通菜街交界的鱼蛋店、九龙旺角皆老街71号"许留山"和香港旺角步行街小店的味道最为正宗。

必尝正宗地

必知一般价格 在不同的小吃店价格有所不同，一般街头的鱼蛋店1串4~8元，高级的餐厅价格较贵。

西多士

必尝 美味

西多士又名西多，是香港常见的茶餐厅小食之一。但在早年的香港，其只在高档餐厅才能吃到，属于高消费品。起初的西多只有两种吃法，一种是将制好的咖喱做成馅料包入西多中，然后蘸满蛋浆放入油锅中炸熟，最后拌牛油吃；另一种是直接将西多蘸上蛋浆放入油锅中炸熟，最后淋上炼奶食用。

西多味道香甜，且制作简便，所以现在很多香港人也会在家做此美食。其在制作时要先将两片吐司的内层涂上花生酱使其黏合，再将调好酱的刷在外面，接着将其放入油锅中炸至金黄，最后淋上炼奶装盘便可。刚出锅的西多松软可口，香气逼人，真是让人食指大动。

必品 特色

松软酥脆，一口咬下咖喱酱在口中喷涌而出，加上面包的香甜，味道十分独特。

香港中环兰芳园

必享由来

20世纪60年代，西多士由法国传入香港，成为香港高级餐厅的特色小食。其本名是法兰西多士，到了香港被人们简称为西多士或西多。后来几经发展，由兰芳园最先引入茶餐厅，成为常见小吃之一。

必荐 星级 👍👍👍👍👍

以香港岛中环街志街2号地下"兰芳园茶餐厅"的西多士最为正宗。其次，湾仔庄士敦道211号地下"北海道牧场餐厅"、铜锣湾谢斐道拔萃商业大厦地下"香港大排档"和筲箕湾东大街顺景楼地下"华星冰室"的也较有特色。

必尝 正宗地

必知 一般价格

兰芳园茶餐厅1份20~30元，北海道牧场餐厅鱼子酱西多1份45~55元，香港大排档1份10~20元。

鸡蛋仔

鸡蛋仔出现在香港经济低迷的年代。当时人们希望能够买到实惠、味美和快捷的食品，鸡蛋仔应运而生。如今，鸡蛋仔已走出我国香港，在我国台湾地区、北京、浙江等均有销售，且广为人知。

传统的鸡蛋仔以面粉和鸡蛋为主料，制作时先将面粉、发粉、鸡蛋、砂糖等拌匀制成汁液，接着倒入铁制的模板中，压上另一块模板，最后放在火上烤熟即可。随着时代的发展，鸡蛋仔也由单一的品种演变成口味丰富的小吃，其中销路最好的当属原味、朱古力和椰丝等几种口味。现在，鸡蛋仔时尚新颖，颇富创意，成了很多港星的心头之爱，如曾志伟、任达华和郑秀文都是它的忠实"粉丝"。

其外形浑圆，小巧可爱，内里松软，外表酥脆，咬下时，浓浓的蛋香在口中散发，口感一流。

鸡蛋仔

必享由来

20世纪50年代前后，香港由于经济低迷，迫使很多老板都缩衣节食。有的杂货店为了节省开支，将破裂的蛋挑出，打入碗中，并逐一加入牛油、面粉等配料制成浓浆，最后倒入模具中用炭火烘烤，制成小饼。因其色泽金黄，外形颇像鸡蛋，故得名鸡蛋仔。

必荐
★星级
👍👍👍👍

最为正宗的鸡蛋仔小吃店是北角英皇道492号的"劲辣派甜甜掌门"和九龙佐敦弥敦道"利强记北角鸡蛋仔"，其次是西湾河太安楼"鸿记极品鸡蛋仔"、黄埔街地下"妈咪鸡蛋仔"和铜锣湾道"炭炉伯伯鸡蛋仔"等。

必尝
正宗地
★

其价格因口味而异，且不同的小吃店价格也会不同，劲辣派甜甜掌门小吃店内原味的1份15~20元。

格仔饼

必尝美味

格仔饼是香港街头小吃，又称窝夫、夹饼和华夫等。其呈圆形，食用时将其分成四份并在表面涂上牛油、花生酱或炼奶等，味道香甜无比。传统的格仔饼只有一种口味，即蛋香口味，但近几年，随着人们的不断改良，发展出了许多不同的口味，如蜜瓜口味和巧克力口味等。

传统格仔饼味道酥脆，制作简便，是常见的小吃。其制作时先将鸡蛋打入碗中，去掉蛋清，再将砂糖、牛奶和牛油混入拌匀打成糊状，最后将其倒在专用烤炉中，烤至金黄即可装袋食用。

必品特色

刚出炉的格仔饼外酥里嫩，蛋香浓郁，色泽淡黄，十分诱人。

必荐星级 👍👍👍👍👍

以北角英皇道492号"劲辣派甜甜掌门"、北角电厂街15号"一口齐小吃店"和九龙佐敦弥敦道"利强记北角鸡蛋仔"的原味格仔饼较为正宗。

必尝正宗地

必知一般价格

其价格因小吃店而异，在一口齐小吃店内1份红豆格仔饼14~18元，在劲辣派甜甜掌门1份为15~20元。

格仔饼

必享典故

格仔饼是由比利时传入的，具体传入时间无人知晓。其在比利时称为窝夫，传入香港后，因其是用格子烤炉制作而成，做好的成品也是一凹一凸，颇似格子，故被当地人称为格仔饼。

碗仔翅

碗仔翅以仿鱼翅而出名，是香港的街头名吃。其本身并没有昂贵的鱼翅，取而代之的是廉价的粉丝，但是做出的成品却与高汤鱼翅有着惊人的相似之处，故名碗仔翅。起初的碗仔翅制作简单，用料较少，而且加入大量的味精，对人体造成一定的伤害，虽然好吃但却被视为垃圾食品。20世纪90年代后，一些酒楼将其改良，加入了火腿、猪皮等富含营养的食料，一改人们对旧时碗仔翅的印象，让更多不同阶层的消费者欣然接受。

碗仔翅是以粉丝作为主料，制作时要先将粉丝泡软，接着将泡好的粉丝放入锅中并加入香菇和肉丝熬煮，煮至九成熟时再依次加入淀粉和老抽，使其浓稠，最后佐以麻油、胡椒粉等即可食用。

其味道鲜美，食料丰富，浓稠相宜，粉丝微韧，色泽美观，是老少皆宜的营养小吃。

香港夜景

必享典故

1960年前后，香港街头小贩为了满足人们的需求，研制出了一种用粉丝仿鱼翅的小吃。因其用小碗盛装，外观酷似鱼翅，故人们将其称为碗仔翅。起初一碗普通的碗仔翅并不能给人带来饱腹感，所以小贩都将其同鱼肉汤或通心粉一同贩卖。后来经过人们的改良，增加了碗仔翅的食料，大大增加了分量，使其更受人们喜爱，成为香港街头必有的小吃之一。

以香港岛筲箕湾东大街121号地下"吕仔记"和九龙油麻地弥敦道378号弥敦酒店2楼"稻香"的菠萝包最为有名，其次是旺角先达广场的小店。

碗仔翅的价格在不同品牌的小吃店内会有所差异，吕仔记小吃店1份18~24元。

菠萝包

必尝美味

在香港，最普遍的面包应属菠萝包了，大至酒楼饭馆，小至街边小店无不见其身影。因其价格便宜，品种繁多，人们一般将其作为早点或饭后点心享有，既实惠，又解馋。最初的菠萝包口味单一，并没有馅料，只是在普通面包上加入砂糖使其口感香甜。时至今日，菠萝包的种类非常多，最常见的有椰丝菠萝包、提子奶酥菠萝包等口味。

菠萝包因烘焙后颜色金黄，表面凹凸不平，与菠萝有几分神似，故得名。其虽名为菠萝包，但并没有菠萝成分，且制作烦琐，很难掌握。其酥皮主要是由猪油、面粉、鸡蛋和砂糖烘焙而成，馅料则由各种新鲜水果或其他食品制成，食用时以热食为佳，配上一杯丝袜奶茶更是绝妙。

菠萝包

必品特色

其表层有盐焗蛋黄，味道鲜美，酥皮则香脆可口，甜而不腻。

必荐星级 👍👍👍👍👍

最有名的菠萝包店是香港岛湾仔轩尼诗道176–178号地下"檀岛咖啡饼店"和九龙尖沙咀弥敦道180号"避风塘兴记"等。

必尝正宗地

必知一般价格

其价格按馅料而定，且不同的店价格也会有所差异，一般的西饼店内1个5~10元。

必享典故

菠萝包由香港人首创，其前身是一种甜味面包。早期的香港人吃腻了包子，想标新立异，改变口味，在包皮上加入砂糖、鸡蛋等馅料制成酥皮，便有了菠萝包的模型。后来几经改良，人们在里面加入了各种口味的馅料，使其成为遍布香港大街小巷的美食。

咖喱鱿鱼

20世纪50年代前后，香港掀起了一股食用咖喱的热潮，很多街边小吃都采用咖喱做配料，咖喱鱿鱼便是那个年代的产物。晒干后的鱿鱼没有多余水分，更加容易吸收咖喱的香味，所以正宗的咖喱鱿鱼应是用咖喱汁和晒干后的鱿鱼快炒而成。

咖喱鱿鱼的主料是鱿鱼和咖喱，制作时先将鱿鱼洗净切块，放入沸水中焯一下后捞起备用，再将土豆、胡萝卜、洋葱和甜椒切块，放入锅中翻炒，接着加水煮熟，待水变得浓稠时放入制好的鱿鱼一起翻炒，最后加入咖喱拌匀即可。做好的鱿鱼可直接食用，也可以根据个人口味淋上番茄酱等酱料一同食用，口感香脆，咖喱味浓，让人望而生涎。

鱿鱼微韧不腥，咖喱香浓醇厚，两者交加，既有海鲜的甜美，又有咖喱的浓香，食而不厌。

炒鱿鱼

必享典故

据说，咖喱鱿鱼起源于街头小吃，由小贩们首创。早年香港遍地是小摊小贩，他们为了吸引顾客，总是会创出新式菜品。20世纪50年代前后，小贩们受咖喱鱼蛋的启发，将鱿鱼切碎和咖喱一起翻炒，制成咖喱鱿鱼。没想到这样做出的鱿鱼不仅掩盖了腥味，还增加了咖喱的浓香，十分诱人。自此咖喱鱿鱼改变了鱿鱼单一的口味，成为香港街头流行的小吃之一。

较为有名的咖喱鱿鱼小店是九龙深水埗元州街"黄金凉水铺"、湾仔区湾仔道150号"泉昌美食"和香港登打士街和通菜街交界的小吃店等。

其价格在不同的小吃店内会有所区别，黄金凉水铺1份15~20元。

煎酿三宝

 　　煎酿三宝是香港常见街头小吃之一，因经济实惠且具有祛风通络、消肿止痛等功效而深受人们喜爱。煎酿三宝顾名思义就是从一堆酿好的食物中挑出三样，将挑出的食物放在油锅中煎制而成。起初的煎酿三宝只有茄子、青椒和豆腐三种，现在随着时代的发展，也加入了不少当代元素，香肠、云吞皮和酿红肠等纷纷成为其食材之一。

　　煎酿三宝起初是以"五元三件"的价钱闻名于世，现在由于物件上涨，其价格也有所波动，但依然是实惠的小食之一。如今很多小吃摊也会在里面加入适量的面粉，既增加了嫩滑的口感，又降低了成本。

 　　**其口感独特，肉质鲜香，软嫩味美，油而不腻。**

必荐星级 👍👍👍👍

　　香港登打士街和通菜街交界处有众多煎酿三宝的小吃店，味道正宗。另外，在旺角、湾仔和铜锣湾等也有很多该类小吃摊，味道大同小异，并无特别推荐。

必尝正宗地 ★

 必知一般价格 ★
1份3样5~10元。

香港旺角街头

必享典故

　　煎酿三宝是香港人对三种煎酿类的街头小吃的统称。据说，煎酿类小吃在早年的香港颇受欢迎。后来人们发现将茄子、青椒和豆腐放在一起味道更绝，便制成了这道小吃。因其是把剁碎的鲮鱼肉酿在豆腐、青椒和茄子这三种食品中，然后放在热油锅中煎制而成，故称"煎""酿""三宝"。

车仔面

必尝美味 　　车仔面是香港地道小吃之一，兴起于经济低迷的20世纪50年代。最初由小贩在街边贩卖，现由专门经营车仔面的饭馆替代。车仔面经济实惠，品种多样，既便宜又解馋，自然受到人们欢迎。

　　车仔面的食材不固定，最常见的有牛腩、猪皮、萝卜、肉丸等。另外，客人还可以选择面汤的口味，有牛腩汤和咖喱汤等口味。

必品特色 **其品种多样，面韧汤浓，肉质松软，菜品入味。**

香港九龙夜景

必享典故

　　据说，车仔面是街边小贩创制的，由香港街头流行开来。在香港经济低迷的20世纪50年代，街头经常有很多流动摊贩。他们推着餐车，在上面摆好各类食品贩卖。后来，应食量大的人提议，他们将各类食品和面一起煮卖。因其是在手推车上贩卖，故得名车仔面。

必荐星级 👍👍👍👍

必尝正宗地

　　最有名的车仔面小吃店有九龙尖沙咀乐道33-35号"靓靓车仔面"、九龙红磡黄埔花园黄埔新天地第八期蔡澜美食坊"钟记车仔面"、湾仔晏顿街1号"车仔面之家"和西湾河太安楼"太安楼车仔面"等。

必知一般价格

　　在不同品牌的小吃店内价格会有所差别，一般会根据所加食料来定，车仔面之家1碗20~30元。

杨枝甘露

必尝美味

杨枝甘露是以杧果和西柚做成的港式甜品，流行于香港街头，是中学生的最爱。因其口感独特，所以给很多糕点师带来了灵感，如杨枝甘露布甸、杨枝甘露蛋糕、杨枝甘露雪条等都是在此基础上创新的，且广受喜爱。

杨枝甘露即杧果柚子西米露，是港式西米露的代表，也是甜品的首选。当西柚的酸与杧果的甜混合在一起，再配上椰浆的香浓软滑和西米的弹劲，各种口感在口腔中碰撞，真是让人无法抗拒。周末约上几个闺蜜逛街，小歇时点上西米露，边品尝边聊天，着实惬意。

必品特色 　　其色泽黄艳，冰凉爽口，杧果的香味混杂着椰奶和西柚的浓香，酸甜相间，软脆参半，十分诱人。

香港满记甜品

必享典故

据说，杨枝甘露的名字饱含佛教哲理。在传统的观音画像中，观音菩萨左手拖净瓶，右手持杨枝。而净瓶中的露水即杨枝甘露。它能让不幸的人变得幸运，让经过磨炼的人得到幸福。1984年，香港利苑酒家创作的这道甜品因味道甜苦相间，给人苦尽甘来的感觉，故称杨枝甘露。

必荐星级 👍👍👍👍

以湾仔北海中心一楼"利苑酒家"（有多家分店）的最为正宗。其次，九龙尖沙咀咀乐道52号地下"池记"、港岛铜锣湾波斯富街24-30号宝汉大厦"许留山"和香港西贡通道10C号地下"满记"等的口味也不错。

必尝正宗地

必知一般价格 　　利苑酒家1份25~30元，池记、满记1份20~25元。

马拉糕

必尝美味 马拉糕又名古法马拉糕，是传统的茶餐厅点心之一。传统的马拉糕制作复杂，现已淡出市场，被简易马拉糕所取代。其以如海绵般柔软的口感而著称，是香港人的心头之爱，也是健脑的食品之一。

传统的马拉糕以面粉、牛油和鸡蛋等为主料，制作时先将牛油融化后倒入面粉中拌匀，再打入鸡蛋，放入酵母搅拌，接着将其放置在阴凉的地方等待发酵，三天后取出将其蒸熟，最后切块装盘便可食用。经过多年的发展，马拉糕也改变了单一的品种，现已有茶香马拉糕、双色马拉糕和椰香马拉糕等。

必品特色 其色泽褐红，入口软绵，带有鸡蛋的香味，十分可口。

必荐星级 ★★★★

必尝正宗地 以香港岛上环德辅道西46-50号"莲香居"和九龙旺角弥敦道欧亚银行大厦"凤城酒家"的马拉糕较为正宗。

必知一般价格 莲香居1个8~15元，其他小吃店1个3~6元。

马拉糕

必享典故 马拉糕虽是香港传统美食，但并非香港首创，而是由新加坡的马来人首创并传入。其本名叫马来糕，但进入香港后，被当地方言称为"马拉糕"。之后马拉糕以其独特的口感而深受人们喜爱，成为香港传统街头小吃。

澳门小吃

澳门素有小吃王国之称，当地人将那些既是零食也是礼物的小吃称为"手信"。其小吃荟萃东西方特色，不仅有粤式海味、葡国风味，还有欧陆各地地道口味。

澳门小吃五花八门，争香斗味。粤式或潮式的各式粥品、粉面、云吞面等风味独特；葡式蛋挞、木糠布甸令人难忘；大陆特色的杏仁饼、老婆饼、蛋卷、肉干颇具特色；欧式猪扒包、纽结糖亦让人爱不释手。

葡式蛋挞

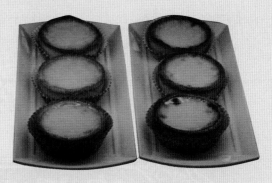

 必尝·美味　　葡式蛋挞也叫葡挞、焦糖玛琪朵蛋挞，因最早源自葡萄牙而得名。它是澳门流行的一种小型奶油酥皮馅饼，以独特的口感、焦黑的表面为特色。

制作葡式蛋挞时讲究烘焙技巧，先用酥油、面粉、水混合揉成面团，醒20分钟后擀成长片；然后将麦淇淋擀成0.6厘米的薄片，用面片包住，擀成长条后对折三次，再重复擀长、对折，置冰箱内松弛半小时后用模子压出挞皮；最后把用砂糖、牛奶、鸡蛋、低粉混合制成的挞水倒入挞皮中，放入220度的烤箱中烤15分钟即可。

芝士蛋挞

必享典故

葡式蛋挞由英国人安德鲁·史斗创制。早年安德鲁在葡萄牙品尝到里斯本附近城市Belem的传统蛋挞后，决定采用英国式的糕点做法，改用英式奶黄馅并减少糖的用量制出葡式蛋挞。1989年他在澳门的海角一隅开设了安德鲁饼店出售葡式蛋挞等糕点。但葡挞的出名是在安德鲁与妻子玛嘉烈离婚后。1996年，玛嘉烈离开安德鲁，在澳门市区用自己的名字开了玛嘉烈咖啡店。不经意间葡挞在澳门卷起了一阵旋风。

 必品·特色　　葡式蛋挞有着精致圆润的挞皮，浓郁的蛋香奶香。一口咬去，其口感香酥松软，内馅十足，甜而不腻。

必荐星级

最正宗的属玛嘉烈咖啡店和安德鲁饼店制作的葡挞。玛嘉烈咖啡店位于新葡京前街的约翰四世大马路，金至尊金店的后巷里。安德鲁饼店位于澳门路环岛。 　**必尝正宗地**

 必知一般价格　　每只6元左右。

猪扒包

必尝美味 猪扒包是澳门特色食品。猪扒就是猪排，而猪扒包是一种在面包或猪仔包里涂上牛油，夹一块猪排的食物。其制作方式简单，先用酱油、糖、太白粉和蔬菜水调制成腌料；然后用刀背将肉排剁松，放入腌料中腌制15分钟后煎炸至金黄；最后将猪仔包从侧边切开放入炒熟的洋葱丝，夹入猪扒便成。

必品特色 炸过的猪扒松香鲜美，味浓而不油腻，配以精心烤制的面包，内软外脆，口感一流。

必荐星级 ★★★★★

澳门最有名的是位于凼仔岛官也街附近的大利来记猪扒包。香港很多茶餐厅也有猪扒包供应。

必尝正宗地

必知一般价格 每个15元左右。

猪扒包

必享典故
澳门经过了500多年的外国文明洗礼，在文化上呈现东西交融的景象。澳门人的饮食习惯受西方影响深刻，如猪扒包就是一例。猪扒包与三明治类似，数年前便在澳门流行。近年来，当地"大利来记"将澳门猪扒包的美名传扬海内外。

礼记杏仁饼

必尝美味　礼记杏仁饼是由澳门百年老店礼记饼家创制出的特色糕点。其由绿豆饼发展而来，因形似杏仁而得名。礼记杏仁饼有上百种口味，如杏仁肉心杏仁饼、黑芝麻杏仁饼、紫菜杏仁饼等。

礼记杏仁饼做法如下：先用绿豆粉、糖粉、杏仁粒和油加水搅拌成饼料；而后将饼料放入饼模内用手压实；最后将饼小心从饼模倒出，放在烤盘（烤架）上用150度烘烤约25分钟即可。

必品特色　**礼记杏仁饼色泽金黄，入口松软，杏仁颗粒多，绿豆味香浓。**

朱元璋

必享典故

相传元末明初朱元璋率领起义军抗元，其妻马氏用绿豆、小麦、黄豆等磨成粉制成饼给军士携带。后人在这种饼的基础上改进制法和原料，用绿豆粉、猪肉等做馅，制成了最早的杏仁饼。此后的数百年杏仁饼品种及制作方式一直都很单一。20世纪初，礼记饼家在澳门开设。凭着传统的手工制法及不断创新，小店师傅将杏仁饼发展到20多个品种，数百种口味。如今礼记饼家已经变成驰名中外的百年老字号，而礼记杏仁饼也成为澳门特色产品。

必荐星级　★★★★★

必知一般价格　每斤50元左右。

以澳门"礼记饼家"的口味最为正宗，当地有很多连锁店。

必尝正宗地

凤凰卷

必尝美味
　　凤凰卷由蛋卷演变而来，是澳门传统小吃。其名字中的"凤凰"二字是为了取意吉祥。早年凤凰卷品种单一，现已有肉松凤凰卷、椰蓉凤凰卷、芝麻凤凰卷等20多种口味。市场上出售的凤凰卷多由蛋卷机做成，手工制作的已很少见。

　　传统的凤凰卷制作手续复杂，先将奶油溶解，加入糖粉、蛋及各色调料拌匀；然后加入低筋面粉搅拌到没有粉粒状面糊，将面糊抹开成圆薄片状放置在烤盘上；最后放入已预热的烤箱中烤5分钟左右，待饼干上色后趁热将其翻面、卷起定型即成。

必品特色
　　凤凰卷酥脆香甜，入口浓香，且不同的配料带来多种独特口感。

必荐星级

在澳门咀香园、钜记手信店、礼记饼家可以买到正宗的，当地有很多它们的连锁店。

必尝正宗地

必知一般价格　　每盒225克，20元左右。

澳门咀香园饼家

必享由来

　　早年间贫穷的百姓为了填饱肚子，挖难以下咽的野菜、草根吃。后有人想出将鸡蛋、野菜、草根混在一起煮，使其味道变好点。但鸡蛋不是经常会有，所以又有人将鸡蛋、野菜、草根煮成糊后烘干卷起来，留作储备粮，这就是最原始的蛋卷。后来随着生活质量的不断提高，蛋卷演变成多种风味，凤凰卷就是其一。

三可老婆饼

 必尝美味 　三可老婆饼是澳门特色糕点，因其由一个名叫三可的人制作而得名。三可老婆饼的特色在于其制作时坚持传统手工造饼工艺及不断的创新。其以冬瓜、糖、芝麻为馅料，糯米粉为饼皮烘烤制成。

 必品特色 　**三可老婆饼皮酥馅糯，咸甜薄脆，甜而不腻。**

必享典故

　据说澳门有个名叫三可的人从十几岁开始学做饼，50多年来他一直坚持传统的手工造饼工艺，且不断研究新品种。他所制的老婆饼名气最大，澳门当地人称其为三可老婆饼。

澳门钜记手信店

 必荐星级 👍👍👍👍👍

 必知一般价格 　每个3元左右。

澳门半岛红窗门街135号地下的三可饼家最正宗，其次在澳门的礼记饼家、钜记手信店也可买到。

 必尝正宗地

水蟹粥

水蟹粥是澳门名小吃，因选用本地蟹为原料而得名。制作水蟹粥时取水蟹、膏蟹、肉蟹三种蟹的精华，放入大米、蚝制成的粥中煮熟，调配料酒、姜丝、陈皮、胡椒粉等料即可。其味鲜美，营养丰富。

蟹黄与粥融为一体，泛起一层金黄，诱人夺目。蟹肉口感十足，粥不稠不稀，鲜美异常。

必享典故

澳门紧邻沿海地带咸淡水交界处。当地出产的蟹肉质丰美爽口，美味鲜甜。自古以来，澳门人就喜欢用蟹熬制粥，逐渐将水蟹粥发展成为当地特色美食。

诚昌饭店

★★★★★
以澳门氹仔官也街28-30号的诚昌饭店的最为正宗。

分大小份，小份90元左右，大份110元左右。

香记肉脯

必尝美味

　　肉脯是澳门特色小吃，以"香记"最为出名。香记肉脯以"干、香、鲜、甜、咸"为特色，且有黑椒、果味、蜜汁等多种口味。其制作过程复杂，先选用新鲜猪（牛）精瘦肉剖成薄片；然后在肉片上涂抹特级鱼露、白糖、鸡蛋等几十种佐料；最后还需经摊筛、脱水、烘烤等多道程序。

必享典故

　　25年前，香记成为澳门第一家肉干专营店。其手工制造的鲜烤肉干渐渐在海内外驰名，成为澳门的特色小吃。

澳门肉脯店铺

必品特色

　　香记肉脯呈方形，薄如纸片，色泽如玛瑙，晶莹鲜艳。食用时其香味四溢，酥而略脆，嚼劲十足。

必荐星级 👍👍👍👍👍

　　"香记肉脯"总店位于澳门半岛马六甲街国际中心A03。现香记肉脯在全国各大商场也有出售。

必尝正宗地

必知一般价格　　每袋250克，20元左右。

策　　划：丁海秀　李荣强

责任编辑：李荣强

部分图片提供：微图网　全景图片　壹图网

图书在版编目（CIP）数据

醉美小吃：中华小吃品鉴全攻略／行摄旅途编

辑部主编. ——北京：旅游教育出版社，2014.1

ISBN 978-7-5637-2510-6

Ⅰ.①醉… Ⅱ.①行… Ⅲ.①风味小吃—介绍—中国

Ⅳ.①TS972.116

中国版本图书馆CIP数据核字（2012）第258342号

中华小吃品鉴全攻略

醉美小吃
中华小吃品鉴全攻略

行摄旅途编辑部　主编

出版单位：旅游教育出版社

地　　址：北京市朝阳区定福庄南里1号

邮　　编：100024

发行电话：（010）65778403　65728372　65767462（传真）

本社网址：www.tepcb.com

E-mail：tepfx@163.com

印刷单位：北京世艺印刷有限公司

经销单位：新华书店

开　　本：710毫米×1000毫米　1/16

印　　张：22

字　　数：245千字

版　　次：2014年1月第1版

印　　次：2014年1月第1次印刷

定　　价：49.80元

（图书如有装订差错请与发行部联系）

TravelCom

行摄旅途·快乐阅读

om TravelCom TravelCom TravelCom TravelCom TravelCom TravelCom

om TravelCom TravelCom TravelCom TravelCom TravelCom TravelCom

om TravelCom TravelCom TravelCom TravelCom TravelCom TravelCom

om TravelCom TravelCom TravelCom TravelCom TravelCom TravelCom